【美】马丁·加德纳◎著
黄峻峰　刘　萍◎译

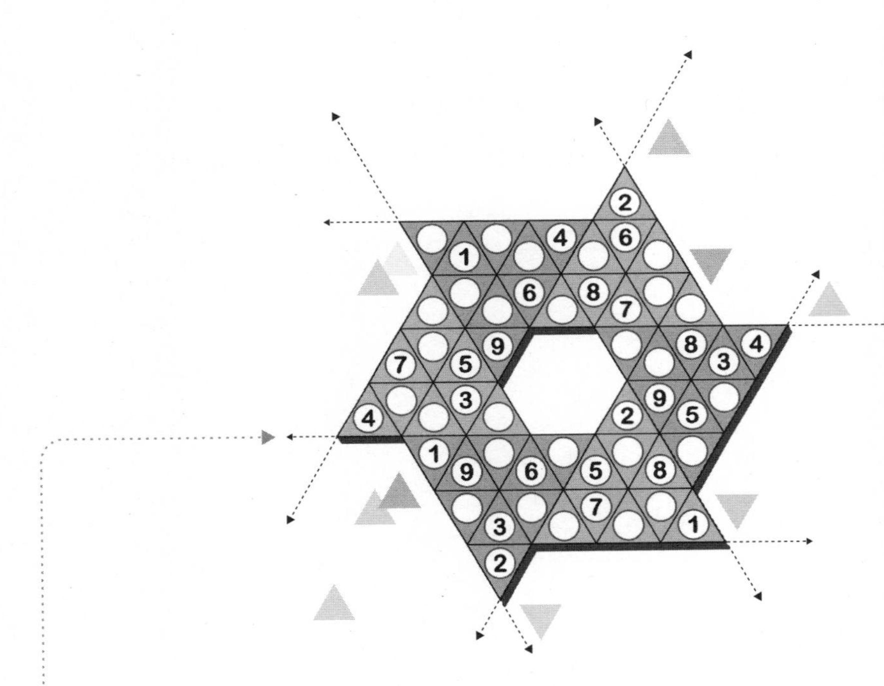

# 剪纸与棋盘游戏

## Paper Cutting & Board Games

New Mathematical Diversions

上海科技教育出版社

**图书在版编目(CIP)数据**

剪纸与棋盘游戏/(美)马丁·加德纳著;黄峻峰,刘萍译.—上海:上海科技教育出版社,2020.7
(马丁·加德纳游戏全集)
ISBN 978-7-5428-7235-7

Ⅰ.①剪… Ⅱ.①马… ②黄… ③刘… Ⅲ.①数学—普及读物 Ⅳ.①01-49

中国版本图书馆CIP数据核字(2020)第041382号

献给我的妻子夏洛特

目 录

# 前言

英国数学家李特尔伍德(John Edensor Littlewood)在他的《数学家杂记》(*Mathematician's Miscellany*)前言中写道:"一个有趣的数学游戏,是比一打平庸论文更好的数学。"

这是一本关于数学游戏的书,前提是这个"游戏"范围极广,包括任何类型的混合了"极其开心"元素的数学知识。大部分数学家都喜爱玩这样的游戏,当然,他们把游戏限制在合理的范围内。娱乐数学具有一种魔力,让有些人完全沉迷其中。纳博科夫[①]在他杰出的关于国际象棋的小说《防守》(*Defense*)中就讲过这样一个人:国际象棋(数学游戏的一种形式)完全主宰了他的思想,以至于他与真实世界失去联系,最后从窗户跳了出去,以象棋设计师们称为升华或自我陪伴的方式,结束了他悲惨的游戏人生。这符合纳博科夫这位国际象棋大师的分裂性格。他小时候学习不好,在数学上,有一段时间他"格外沉迷于数学题集《快乐数学》(*Merry Mathematics*),沉迷于数字的有趣反常行为,沉迷于几

① 纳博科夫(Vladimir V. Nabokov, 1899—1977),俄裔美籍小说家、散文家、诗人、文学评论家、翻译家,同时也是20世纪世界文学史上最有影响力的文学家之一。

《洛丽塔》(*Lolita*)是纳博科夫在1955年所写的小说,是20世纪受到关注并且流传极广、获得极大荣誉的一部小说。小说叙述了一名中年男子与一个未成年少女的恋爱故事。1955年首次由法国的奥林匹亚出版社出版。《洛丽塔》现已被改编成电影,另有与此相关的歌曲和时尚风格。——译者注

何线条的任性嬉闹，他醉心于书本上没有的任何东西”。

上面故事的寓意是：若你有头脑并想尝试一下，你可以玩一下数学游戏，但不要玩太多。偶尔玩数学游戏可以让你休息一下，激起你对严谨科学及数学的兴趣，但要严格控制，不能过度，不能着魔。

如果你控制不住自己，邓萨尼勋爵(Lord Dunsany)的故事《棋手、金融家和其他》可以给你安慰。一位金融家回忆起一个叫斯莫格斯(Smoggs)的朋友，在即将成为知名金融家之前，国际象棋把他引到了邪路上。“起初这种变化是缓慢的，他常常与一位棋手在午饭期间下棋，那时我与他在同一公司供职。后来，他开始打败对方……再后来他参加了国际象棋俱乐部，似乎是某种魔力缠上了他，这种魔力类似于酒，更类似于诗歌或音乐这些东西……他本该成为一名金融家，人们说这不比国际象棋难，而国际象棋让他一无所有。我从未看到如此智慧的头脑就这样被毁了。”

监狱长也同意我的看法，说：“是有那样的人，真遗憾呀……”然后他把那个金融家锁在牢房里过夜。

我再次感谢《科学美国人》(*Scientific American*)允许再版这些专题。在前两本汇编中专题已有拓展，错误得到修正，还添加了读者寄给我的新材料。我感谢我的妻子帮忙校对，感谢我的编辑尼娜·伯恩(Nina Bourne)，更感谢全美国及全世界日益扩大的读者群，他们的信件大大丰富了这次再版的内容。

马丁·加德纳

(Martin Gardner)

# 第 1 章

# 二 进 制

在汽车挡风玻璃和雨刷之间夹着一张红色票单，我小心翼翼地将它撕成两片、然后四片、最后八片。

——纳博科夫

《洛丽塔》

目前整个文明世界正在使用的数系是基于10的连续乘方的十进制。任何一个数的最右边的数字代表多倍的$10^0$(即1),从右往左的第二个数字表示多倍的$10^1$,第三个数字则是多倍的$10^2$,以此类推。因此777表示$(7\times10^0)+(7\times10^1)+(7\times10^2)$之和。可以肯定地说,使用10作为数字基数是因为人有10根手指,"数字"这个词本身就说明了这点。倘若火星上居住着有12根手指的类人动物,那么我们敢肯定,火星上的算术一定使用基于12的计数法。

在所有的数制中二进制是最简单的。二进制以2的乘方为基础,利用数字位置的变化来计数。一些原始部落用二进制方式计数,中国古代的数学家早就了解这种制式,但详细阐述此计数方式的第一人似乎是德国的伟大数学家莱布尼茨(Gottfried Wilhelm von Leibniz)。对他来说,二进制计数法是一个深奥的玄学真理。他把0看作什么都没有或什么都不是的符号,把1看作存在或是有什么东西的符号。0和1对于上帝都是必要的,否则包含纯物质的宇宙就不能区别于无声无息、用0表明的空宇宙。就像在二进制中那样,任何整数都可以通过将0和1摆放于适当位置来表示,从而使创造整个世界的数学结构成为可能。莱布尼茨认为这是有和无之间原始二进制的结果。

从莱布尼茨时期到诞生计算机之前,人们对二进制并没有什么好奇心,二进制也没有什么实用价值。导线不是通电就是不通电,开关不是打开就是关闭;磁铁的两极不是南极就是北极,双稳态触发电路不是触发就是不触发。利用这种触发器,计算机就能以惊人的速度和准确度来处理二进制编码数据。丹齐克[1]在他的《数,科学的语言》(*Number, the Language of Science*)一书中写道:"哎呀!怎么会是这样呢!只有上帝才能做到的事,小小的电脑就可以完成。"

许多数学游戏涉及二进制,如取物游戏Nim,汉诺塔、卡尔丹环之类的机械类游戏,还有数不尽的扑克魔术以及动脑难题。这里我们仅把注意力集中在一套熟悉的阅读卡片以及一套密切相关的穿孔卡片上,用这些卡片可以表演若干种典型的二进制绝技。

从图1.1可清楚地了解阅读卡是如何构建的。左表是二进制数字0到31,在二进制数中每个数字代表2的乘方,从最右边$2^0$(即1)开始,之后连续往左移,$2^1$(即2),$2^2$,$2^3$,…依次类推。表顶部的数字是2的乘方数。要把一个二进制数转换成10进制的等量数,只需要把栏中运行2的乘方数加起来即可,2的乘方数是由栏中的位置表示的。因此,10 101表示16+4+1,即21。要把21变回到二进制数,只要进行一个逆过程即可。用2除21,除后的商为10,余数为1。这个余数就是这个二进制数右侧的第一个数字,然后用2除10,正好除尽没有余数,因此下个二进制数字是0,再用2除5最后2除2得到1,1不是2的倍数,余数为1。得到完整的二进制数10 101。

将这个二进制数表转换为一套记忆—阅读卡,只需要做如下工作:用对应于那个二进制数(出现1)的10进制数替换左表中的每个1,其结果如图1.1中的右表。把表中每一列的数写在一张单独的卡片上,把5张卡片发给某一位观众,让他记住卡片所包含的从0到31之间的某一个数,然后将

[1] 丹齐克(Tobias Dantzig, 1884—1956),近代美国数学家,出生于沙俄统治时期的立陶宛,后入美国籍,先后在哥伦比亚大学、约翰·霍普金斯大学、马里兰大学等校教授数学。著有《数,科学的语言》等。该书介绍了数的概念及发展史,从文化、思想乃至哲学的角度谈论数学的发展,内容生动,语言优美,见解独特。——译者注

二进制数

| | 16 | 8 | 4 | 2 | 1 |
|---|---|---|---|---|---|
| 0 | | | | | 0 |
| 1 | | | | | 1 |
| 2 | | | | 1 | 0 |
| 3 | | | | 1 | 1 |
| 4 | | | 1 | 0 | 0 |
| 5 | | | 1 | 0 | 1 |
| 6 | | | 1 | 1 | 0 |
| 7 | | | 1 | 1 | 1 |
| 8 | | 1 | 0 | 0 | 0 |
| 9 | | 1 | 0 | 0 | 1 |
| 10 | | 1 | 0 | 1 | 0 |
| 11 | | 1 | 0 | 1 | 1 |
| 12 | | 1 | 1 | 0 | 0 |
| 13 | | 1 | 1 | 0 | 1 |
| 14 | | 1 | 1 | 1 | 0 |
| 15 | | 1 | 1 | 1 | 1 |
| 16 | 1 | 0 | 0 | 0 | 0 |
| 17 | 1 | 0 | 0 | 0 | 1 |
| 18 | 1 | 0 | 0 | 1 | 0 |
| 19 | 1 | 0 | 0 | 1 | 1 |
| 20 | 1 | 0 | 1 | 0 | 0 |
| 21 | 1 | 0 | 1 | 0 | 1 |
| 22 | 1 | 0 | 1 | 1 | 0 |
| 23 | 1 | 0 | 1 | 1 | 1 |
| 24 | 1 | 1 | 0 | 0 | 0 |
| 25 | 1 | 1 | 0 | 0 | 1 |
| 26 | 1 | 1 | 0 | 1 | 0 |
| 27 | 1 | 1 | 0 | 1 | 1 |
| 28 | 1 | 1 | 1 | 0 | 0 |
| 29 | 1 | 1 | 1 | 0 | 1 |
| 30 | 1 | 1 | 1 | 1 | 0 |
| 31 | 1 | 1 | 1 | 1 | 1 |

记忆—阅读卡

| | | | | |
|---|---|---|---|---|
| | | | | |
| | | | | 1 |
| | | | 2 | |
| | | | 3 | 3 |
| | | 4 | | |
| | | 5 | | 5 |
| | | 6 | 6 | |
| | | 7 | 7 | 7 |
| | 8 | | | |
| | 9 | | | 9 |
| | 10 | | 10 | |
| | 11 | | 11 | 11 |
| | 12 | 12 | | |
| | 13 | 13 | | 13 |
| | 14 | 14 | 14 | |
| | 15 | 15 | 15 | 15 |
| 16 | | | | |
| 17 | | | | 17 |
| 18 | | | 18 | |
| 19 | | | 19 | 19 |
| 20 | | 20 | | |
| 21 | | 21 | | 21 |
| 22 | | 22 | 22 | |
| 23 | | 23 | 23 | 23 |
| 24 | 24 | | | |
| 25 | 25 | | | 25 |
| 26 | 26 | | 26 | |
| 27 | 27 | | 27 | 27 |
| 28 | 28 | 28 | | |
| 29 | 29 | 29 | | 29 |
| 30 | 30 | 30 | 30 | |
| 31 | 31 | 31 | 31 | 31 |

图1.1　记忆—阅读卡(右)上的数以二进制数(左)为基础

包含这个数的卡片还给你,你可以马上说出他所记的是哪一个数,这只需把卡片对应的左表顶部的数加在一起就行。

这是怎么做到的呢?每一个数都出现在卡片的唯一组合中,这个组合相当于这个数的二进制标志。当你把卡片顶部的数加在一起时,其实你是在把最左边一列那个所选数的二进制的2的乘方数加在一起。变这个戏法,使用5种不同颜色卡片可以做得更加隐蔽。你站在屋子中间说明主题之后,把写有被选数的所有卡片放到一个口袋里,剩下的卡片则放到另一个口袋里。当然,你一定要记住2的哪个乘方数搭配的是哪种颜色。另一个表演是把5张非彩色的卡片放在桌子上摆成一行,你站在屋子中间,让一位观众把选定数的那些卡片都翻过去。因为你事先已把带有顶部数的卡片按顺序排好了,所以你只需要注意观察那些被翻转的卡片,弄清要相加的关键数字。

利用图1.2所示的一套32张卡片,你能把基于二进制的穿孔卡片分类表演得十分精彩。卡片上面的孔要比铅笔的直径大一点点,最好是先在一张卡片上打5个孔,然后以它做模板,在其他卡片上打出同样的孔。若没有打孔装置,又想省时,则可以把3张卡片摞在一起对齐后用剪刀剪出孔。图中所示的卡片有缺口,为的是方便卡片定位。在每张卡片顶部打出相应的缺口之后,把周围边缘修整齐。这些上有缺口的孔相当于数字1,其他的孔相当于0。[①]每张卡片都以这种方式携带二进制式的数值,这些数从0到31。在图1.2中这些卡片是任意排列的。用这些卡片可以表演3种不同寻常的绝技。表演起来可能有些复杂,但家人肯定都会喜欢玩。

第一个绝技:将这些卡片快速分类,使这些卡片按数字顺序排列。把卡片随意地打乱,然后,像摆扑克牌那样把它们摆成一摞,用一支铅笔穿过E孔并抬高差不多一英寸。这时有一半的卡片都会挂在那支铅笔上,而有一

① 字母A、B、C、D、E对应有缺口的孔,$\overline{A}$、$\overline{B}$、$\overline{C}$、$\overline{D}$、$\overline{E}$对应无缺口的孔。——译者注

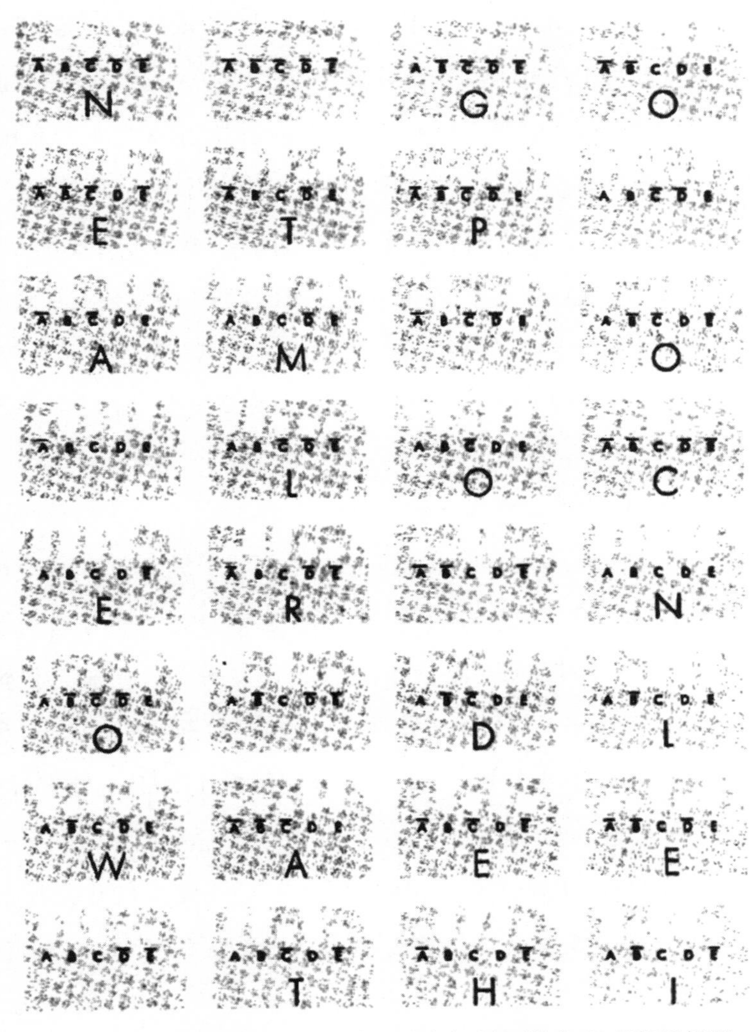


图1.2　一套穿孔卡片，能解读杂乱信息，猜测数字，还能解逻辑题

半的卡片则掉落。用力晃动铅笔，确保应该掉下来的卡片全部脱落，然后抬高铅笔，所有的卡片就被分为两部分。取下挂在铅笔上的卡片，把它们放在另一半卡片的前面。然后利用其他的每个孔，从右至左，重复这一过程。经过5次分类后，你会惊奇地发现，这些卡片按二进制数依次排列，面对你的

第一张卡片上的数字为0。翻开卡片你就会看到印在上面的圣诞祝福!

第二个绝技:利用这些卡片作为计算装置,确定在一套卡片中你脑海里所选择的那个数。从任何顺序打乱的穿孔卡片开始,将铅笔插进E孔,询问被选数是否出现在顶部有缺口(相当于数字1)的卡片上。若回答"是",将铅笔抬起,丢弃那些卡在铅笔上的所有卡片;若回答"不是",则丢弃从铅笔掉下来的所有卡片。现在你还有16张卡片,用插进D孔的铅笔重复这一过程,剩下8张卡片。连续这样做,最后那个穿孔卡片二进制数就是被选数。你若愿意,还可以在所有的卡片上印上10进制数,那么就可以省去转换二进制数这个过程了。

第三个绝技:使用卡片作为逻辑运算计算器,该计算方法由英国经济学家和逻辑学家杰文斯(William Stanley Jevons)第一个提出。杰文斯所称的"逻辑算盘"采用扁平的木片,背面有钢钉,能挂在壁架上。穿孔卡片与逻辑算盘运算方法一样,不过前者更易制作。杰文斯还发明了一个称作"逻辑钢琴"的复杂机械装置,基于同样的工作原理。凡是逻辑钢琴能做的事,穿孔卡片都能做,实际上穿孔卡片具备的功能比逻辑钢琴还要多,它能进行5项运算而后者只能进行4项运算。

现在有A、B、C、D和E 5个项,分别由5个代表二进制数字的孔表示,1(有缺口的孔)代表该项为真,0(无缺口的孔)代表该项为假。即:字母上方有横线的表示该项为假(如$\overline{A}$),无横线的表示该项为真(如A)。每张卡片都是唯一一组真项和假项的组合。利用这32张卡片能彻底研究所有可能的组合,它们相当于这5项的"真实表"。运用这些卡片,可以十分清楚地解2个参数的逻辑题。

下面这个趣题刊登在加利福尼亚州贝佛利出版社发行的一本小册子《有疑问的趣题》(*More Problematical Recreations*)上。题目是:"如果萨拉不可以,那么万达可以。'萨拉可以,且同时卡米尔不可以'这个陈述不成立。如果万达可以，那么萨拉可以，而且卡米尔可以。因此，'卡米尔可以'这个结论对吗？"

要解此题，让我们从任意排序的穿孔卡片开始。这里只涉及3项，所以我们只要关注A孔、B孔和C孔。

A=萨拉可以

$\overline{A}$=萨拉不可以

B=万达可以

$\overline{B}$=万达不可以

C=卡米尔可以

$\overline{C}$=卡米尔不可以

此题有3个前提，第一个前提："如果萨拉不可以，那么万达可以"，这就告诉我们$\overline{A}$和$\overline{B}$的组合是不允许的，所以我们必须拿走所有这种组合的卡片。具体做法如下：将铅笔插入A孔并抬起，留在铅笔杆上的所有卡片为$\overline{A}$。从笔杆上取下这些卡片作为一组，然后将铅笔插入这些卡片的B孔并抬高，铅笔会把既有$\overline{A}$孔又有$\overline{B}$孔的所有卡片抬起，这是无效的组合，于是这些卡片可以丢弃。然后把剩下的所有卡片再次收集在一起（顺序无关紧要），这时我们就可以检验第二个前提。

第二个前提是："萨拉可以而卡米尔不可以"这两个说法不能都为真，换言之，我们不能允许$A\overline{C}$组合的存在。将铅笔插入A孔，把包含有$\overline{A}$孔的所有卡片都抬起来，这些卡片并不是我们想要的，因此暂时将它们搁置一边。将铅笔插入剩下卡片的C孔并抬起包含有$\overline{C}$的卡片，这些卡片包含有$A\overline{C}$无效组合，因此它们被彻底抛弃。再次收集剩下的卡片。

最后一个前提是："如果万达可以，那么萨拉可以，而且卡米尔可以"。想想看，这样就排除了$\overline{A}B$和$B\overline{C}$两种组合。将铅笔插入A孔，并往上抬，保留留在铅笔杆上的卡片继续下一步。将铅笔插入B孔，并往上抬，这时铅笔杆上没有卡片。这意味着前两个前提已经把$\overline{AB}$组合排除掉了。因此这些卡片都含有$\overline{AB}$(无效组合),所以也要全部排除。下面唯一要做的就是从剩下的卡片中删除有$B\overline{C}$组合的卡片。将铅笔插入B孔并抬起,排除含有$\overline{B}$的卡片,并暂时放到一边。然后将铅笔插入剩下卡片的C孔,这时无卡片被抬起来,表明无效的$B\overline{C}$组合早已被先前的步骤删除掉了。

于是最后就剩下8张卡片,每张都包含A、B和C的正确值组合,符合3个前提条件。这些正确值组合对于组合的前提来说是真实表的有效范围。检测结果表明所有8张卡片上都有C(不是$\overline{C}$),"卡米尔可以"是正确结论。其他结论也可以根据这3个前提来推断。例如,我们可以断言萨拉可以。但是万达可以还是不可以?根据已获得的知识,这个有趣问题仍是二进制中不可思议的奥秘。

还有一个简单的趣题,供感兴趣者使用这些卡片解惑。在郊外住着一家人,阿伯、他的夫人贝里以及3个孩子克利奥、戴尔、埃尔斯沃思。时间是冬天的一个晚上,8点钟。

1. 如果阿伯在看电视,他的夫人也在看电视。

2. 戴尔或埃尔斯沃思在看电视,或者他俩都在看电视。

3. 贝里或克利奥在看电视,但并不是两人都在看电视。

4. 戴尔和克利奥要么同时在看电视,要么同时不在看电视。

5. 如果埃尔斯沃思在看电视,那么阿伯和戴尔也在看电视。

到底谁在看电视?而谁没在看电视呢?

## 补　遗

纽约市的爱德华·B·格罗斯曼(Edward B. Grossman)写道:在大的文具店都可以买到用于二进制整理和分类的各种商业卡片。卡片上的孔事先已打好,你也可以购买特殊的打孔装置来打出这些孔。如果孔太小,铅笔穿不进,你可使用毛衣针、棉签棒、展开的回形针……代替铅笔,或者使用与卡片配套的分类棒。

意大利巴勒莫大学的工程学教授阿普利莱(Giuseppe Aprile)寄来两张照片,如图1.3所示。通过在每张卡片上增加一行孔和凹口就能快速并无误地将这些卡片分类。当利用穿过顶部孔的钉子移动一套卡片时,穿过卡片底部孔的钉可以将剩余卡片牢牢地扣紧。

图1.3　在卡片的底部补充一行孔,以确保分类无误

## 答　案

可用穿孔卡片来解此逻辑题，具体如下：

令A、B、C、D和E分别代表阿伯、贝里、克利奥、戴尔、埃尔斯沃思。如果有一个人在看电视，那么这一项为真，否则为假。前提1排除包含$A\overline{B}$的所有卡片；前提2排除包含$\overline{D}E$的所有卡片；前提3排除包含BC和$\overline{BC}$的所有卡片；前提4排除包含$\overline{C}D$和$C\overline{D}$的所有卡片；前提5排除包含$\overline{A}E$和$\overline{D}E$的所有卡片。最后只剩下一张卡片，包含$\overline{AB}CD\overline{E}$的组合。因此，我们得出的结论是克利奥和戴尔在看电视，而其他人没看电视。

# 第2章
# 群论与辫子

"群"的概念是现代代数中伟大的思想之一，还是物理学中一个不可或缺的工具。这个概念曾经被詹姆斯·R·纽曼(James R. Newman)比作柴郡猫[①]的龇牙一笑。代数课上，老师总是这样讲：当猫的身体消失不见时，只留下了那个让人琢磨不透的微笑。这一笑表明什么有趣的事情发生了。如果我们不把群太当回事，也许群的概念就不那么神秘了。

曾经有3名电脑程序员，一个叫埃姆，一个叫贝克，另一个叫库姆斯。有一天，他们要决定由谁来请客喝啤酒。虽然抛硬币完全可以解决这个问题，但他们还是选择了一个画线游戏。首先，在一张白纸上画3条竖线。为了不被其他两人看见，其中一个人举起这张纸，随意地把3条线分别标上$A$，$B$，$C$(图2.1第一图)。然后把标有字母的一端折叠，使字母不被其他人看见。第二个人随意地在3条竖线之间画上一些横线，使得每条横线能和其中的两条竖线相连(图2.1第二图)。第三个人再加上一些横线，然后在其中一条竖线的底部标上字母$X$(图2.1第三图)。

现在把纸展开，埃姆把手指放在$A$线的开头位置，沿着线向下走。当遇到横线的一端(横线与竖线交叉的位置忽略不计)时，沿着横线继续走到另

① 柴郡猫是英国作家刘易斯·卡罗尔(Lewis Carroll, 1832—1898)创作的童话《爱丽丝漫游奇境记》(*Alice's Adventure in Wonderland*)中的虚构角色，形象是一只咧着嘴笑的猫，拥有能凭空出现或消失的能力，甚至在它消失以后，它的笑容还挂在半空中。——译者注

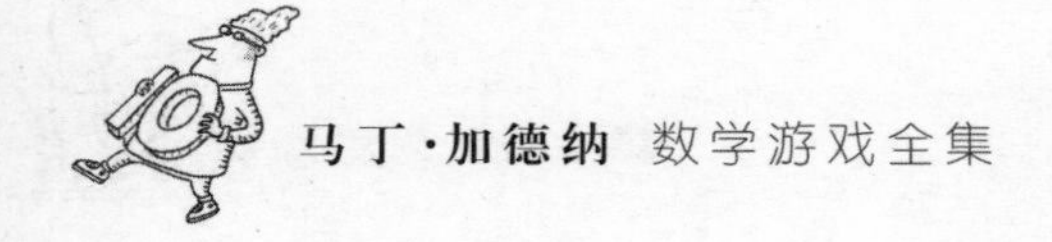

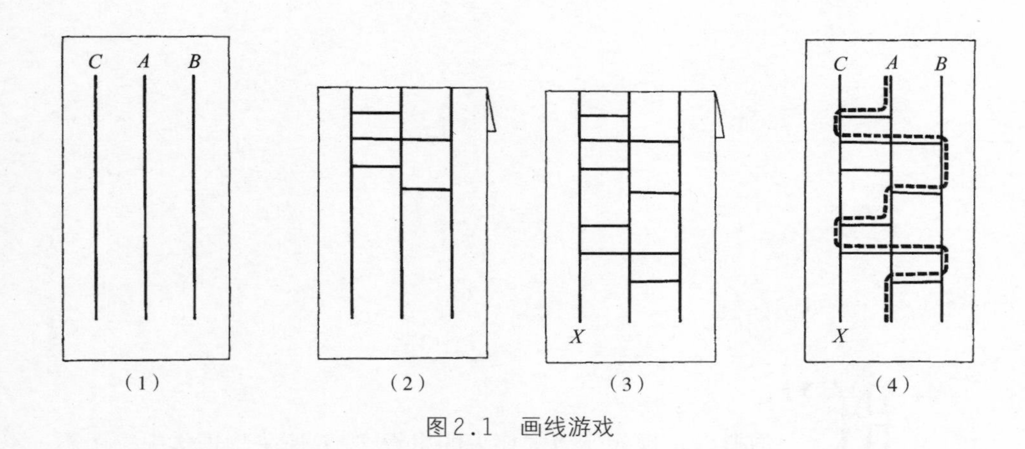


图2.1 画线游戏

一端，再继续沿着竖线走，直到遇到下一条横线，然后采用同样的走法走到竖线的末端。他最后没有走到$X$的位置(见图2.1第四图虚线标明的路线)，所以不用买单。现在轮到贝克和库姆斯了，他们也用同样的方法，最后贝克走到了$X$的位置，于是就由他来请客。不管横线怎么画，每个人都是从一条竖线开始，在不同的线上结束。

仔细观察你会发现，这个游戏基于一个最简单的群，即3个符号的排列群。到底"群"是什么呢?它是一个抽象结构，包括一组没有明确定义的元素($a, b, c, \cdots$)和一个没有明确定义的二进制运算(这里用o表示)，这个运算使其中的一个元素与另一个元素结合产生了第三个元素。只有满足以下4个特点，这个抽象结构才能成为一个群。这4个特点是:

1. 这组元素中的两个元素经过运算后，产生的结果是同组中的另一个元素。这被称作"封闭性"。

2. 这个运算遵守"结合律":$(a \circ b) \circ c = a \circ (b \circ c)$。

3. 这组元素中有一个元素$e$(叫做"单位元素")符合$a \circ e = e \circ a = a$。

4. 对于任意元素$a$都对应一个逆元素$a'$，符合$a \circ a' = a' \circ a = e$。

除了以上4个特点，如果运算还遵守交换律($a \circ b = b \circ a$)，这样的群就叫做交换群或阿贝尔群。

我们最熟悉的群的例子就是关于加法运算的整数(正数、负数和零)构成的群。这个群是封闭的(任一整数加上另一整数还是一个整数),还符合结合律(2与3的和再加上4等于2加上3与4的和),群中有一个单位元素0,而且正整数的逆元素就是它们相应的负数。它是阿贝尔群(2加3等于3加2)。关于除法运算的整数就不能形成一个群:2被5除,结果是二又二分之一,这个结果并不是整数中的一个元素。

我们来看看画线游戏是怎么体现群的结构的。图2.2描述了有限数群结构中元素的6种基本"变换形式"。变换形式$p$中变换了$A$和$B$的路径,使得3条路径的顺序变成了$BAC$。变换形式$q$、$r$、$s$和$t$形成了其他排列组合的

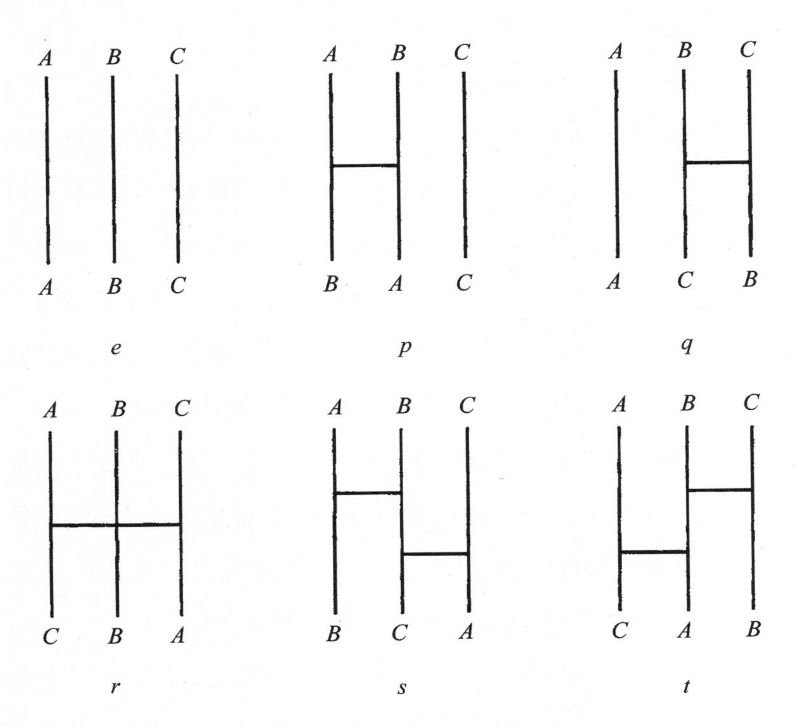


图2.2 画线游戏群的6个元素

形式。而变换形式$e$没有任何变化,但数学家认为这也是一种"变换"。同理,零集或空集也叫做一个集。只要不画线就可以形成空集。这就是"单位元素"的变化,实际上就是没有任何变化。这6个变换形式(元素)对应着3个符号的6种排列组合形式。群运算(用o代表)实际上就是一个变换接着一个变换,在游戏中的体现就是增加横线。

仔细研究会发现,这个结构具备群的所有特征。它是封闭的,因为无论我们把哪两个元素组合在一起,得到的结果都可以由另一个元素来实现。例如,$p \circ t = r$,因为当$p$沿着$t$继续的话,就和$r$的路径顺序是一样的。画横线这种运算也是符合结合律的。不画横线就得到单位元素。元素$p$、$q$、$r$的逆元素就是它们自己,$s$与$t$互为逆元素。(当一个元素与它的逆元素相结合,结果和没画横线是一样的)。但这不是一个阿贝尔群(例如,$p$与$q$连接的结果和$q$与$p$连接的结果是不一样的)。

图2.3的表格完整地描述了这个群的结构。$r$和$s$结合后会是什么结果呢?我们发现,$r$在表的左侧,$s$在表的上边,对应的横排和竖排的相交点是一个标着字母$p$的方格。换句话说,$r$和$s$相连接后和$p$的路径效果是一样的。这是一个出现在很多地方的基本群。例如,我们把等边三角形的3个角分别做上标记,在平面上旋转,让顶点始终在同一个位置。我们发现只有6种基本的变换形式出现。这些变换和我们前面描述的群的结构是一样的。

即使不用群论,我们也能直观地发现,画线游戏不会让两个人最后走到同一条线上。现在把3条竖线想象成3根绳子,两条竖线间的横线的作用和两条绳子交叉是一样的效果。只不过绳子交叉之后就形成了辫子。显而易见的是,无论怎么交叉,不管绳子有多长,最后还是3根绳子。

假设我们在给一个小女孩编3股辫,然后用一个表格依次记录下排列方式。但这样的记录方式无法显示是从上边还是从下边交叉。如果必须把

|  | *e* | *p* | *q* | *r* | *s* | *t* |
|---|---|---|---|---|---|---|
| *e* | *e* | *p* | *q* | *r* | *s* | *t* |
| *p* | *p* | *e* | *s* | *t* | *q* | *r* |
| *q* | *q* | *t* | *e* | *s* | *r* | *p* |
| *r* | *r* | *s* | *t* | *e* | *p* | *q* |
| *s* | *s* | *r* | *p* | *q* | *t* | *e* |
| *t* | *t* | *q* | *r* | *p* | *e* | *s* |

图2.3　画线游戏群中成对元素结合的结果

这个复杂的拓扑学因素考虑进去，我们还能用群论来解释我们正在做的这件事情吗？答案是肯定的。1962年去世的德国著名物理学家阿廷(Emil Artin)是第一个证明这个结果的人。在他完美的辫子理论中，群中的元素是一种(无限的)“编织着的形式”，运算法则与画线游戏中的一样，一个变换接着一个变换。和之前的一样，单位元素就是没有发生任何交叉变化的直线形式。编织运算的逆元素就是它的镜像效果(图2.4)。通过群论我们知道，当一个元素和它的逆元素相加，结果是一个“单位元素”。可以肯定的是，两个编织模式的结合结果就是拓扑等价于一个单位元素。如果拉曳图中的辫端，所有股线会被抻直。(许多用绳子变的戏法都可以用数群的这些有趣特性做出解释，还有一个更好的例子，可以在我的其他书中找到)。阿廷的辫

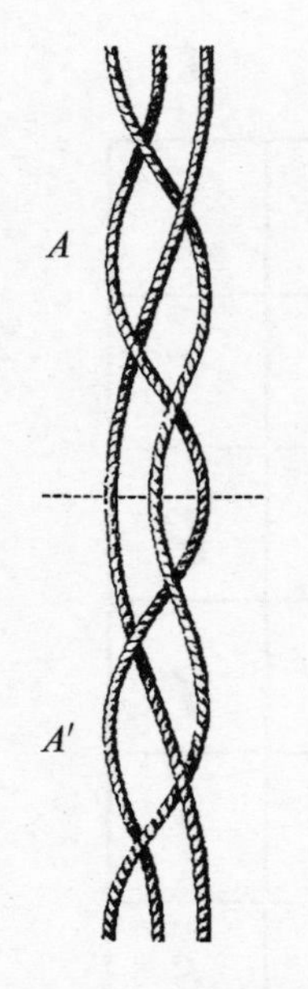

图2.4　辫子A是A'的镜像

子理论提出的这个系统第一次把所有类型的辫子编法都包括在内,这个理论还提供了一种方法,不管多么复杂,人们都可以用它来确定两种编织形式是否是拓扑等价的。

丹麦诗人、作家、数学家海恩(Piet Hein)利用辫子理论发明了一个不寻常的游戏。把一个有点分量的硬纸板剪成盾形徽章形状的小牌子,如图2.5所示。牌子的两面要能很容易地区别开来。你可以把一面涂上颜色或像例子中给出的一样,画个X。然后在方形的一条边上打3个孔,每个孔系一根2英尺长的绳子(最好用拉窗绳)。绳子要有点分量,还要能灵活转动。3根绳子的另一端要系在一个固定的东西上,例如椅子靠背。你用6种不同的方式旋转小牌子,就能编出6种不同的花样。可以横着向左或向右转,可以在A和B之间前后转,可以在B和C之间前后转。图2.5中第二图就是小牌子在B和C之间向前旋转形成的效果。这样问题就产生了:如果一直保持水平,还能通过小牌子的穿梭把辫子解开吗?就是指X面朝前且一直面向你的情况下,还可以吗?答案是否定的。如果你用6种方式中的一种再一次旋转小牌子,那样,即使不通过旋转也可以解开辫子了。

说得再清楚一点吧!假如第二次旋转是在A和B之间向前旋转,得到的结果就是图2.5中第三个图的效果。这次我们不旋转小牌子来解开辫子,把绳子C在Y点抬起,从右向左穿过下边的小牌子,把绳子拉紧。接下来在Z点抬起绳子A,从左向右穿过下边的小牌子,结果绳子就都拉直了。

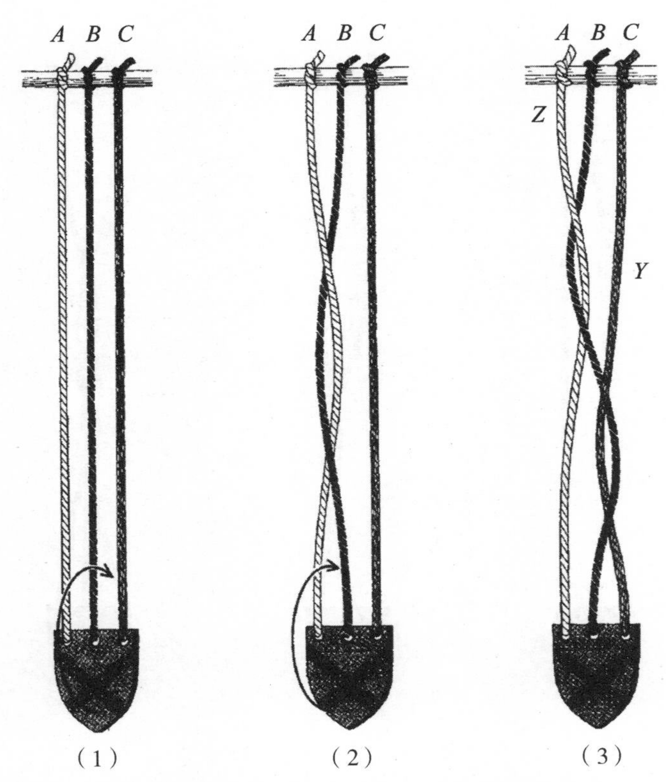


图2.5　向左旋转得到中间图的效果，从中间旋转得到右图的效果

下面这个令人惊讶的定理适用于以上两个例子中的任何一条线。转偶数圈（每次旋转为任意方向）形成的辫子，不用再通过旋转小牌子就可以解开。转奇数圈的辫子就永远解不开了。

1930年代初在玻尔理论物理研究所的一次会议上，海恩第一次听到埃伦费斯特（Paul Ehrenfest）把这个定理和量子论中的问题结合起来讨论。海恩和其他人一起做了一个示范。在示范中，玻尔夫人的剪刀被牢牢固定在椅子后面的绳子上。海恩后来想到，可以把旋转体和周围环境对称地考虑来解决这一问题，那么在绳子两头都系上一个小牌子就能够形成一个对称的模型了。用这样一个模型，两个人就可以玩一个拓扑游戏。一人拿一个小

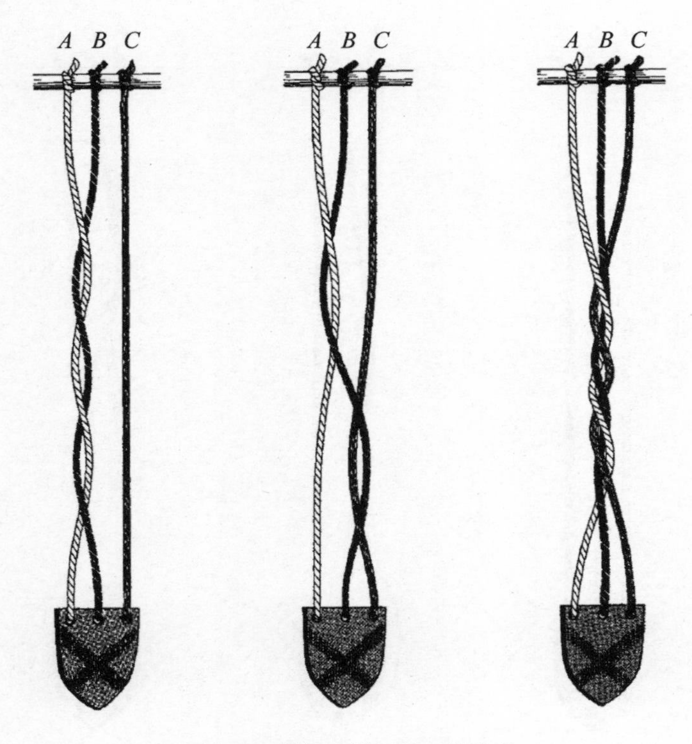


图2.6 待解开辫子的3种情况

牌子，把3根绳子抻直。然后两人轮流，一个人编辫，另一个人解开。计时，最快解开辫子的那个人就是胜者。

奇偶定理也可以应用到这个两人游戏中。初学者先限定为旋转的两圈编法，然后随着技术的不断提高，再按偶数的倍数增加。海恩把这个游戏叫做“绳谜”。这个游戏在欧洲已经流行很久了。

为什么转奇数圈和偶数圈有这么大的差别呢？如果不用数群理论是很难解释的。实际上，向相反的方向转两圈的结果和不转圈是一样的。所以，如果这两圈是相反的（想要避免这种情况只能让绳子从小牌子绕过去），那在相反的方向上从小牌子绕过来就可以把绳子的结打开了。1942年，纽曼在伦敦的数学杂志上发表了一篇文章。文章中提到，剑桥大学著名物理学家狄拉克(P. A. M. Dirac)多年来用这个游戏的单人玩法作模型"解释了这样一个事实：三维空间里旋转数群的基本群有一个周期为2的单个生成元"。纽曼使用阿廷的辫子理论证明了，当旋转圈数为奇数时，绳结是无法解开的。

这个有趣的小游戏非常适合打发时间。你可以试试看，用小牌子转偶数圈来编辫子，看看自己可以多快解开它。图2.6的3个图就是旋转两圈的效果图。其中左图是小牌子在$B$和$C$之间向前旋转两圈的效果图。中间的是小牌子在$B$和$C$之间向前旋转后、从$A$和$B$之间再转回来的效果图。右边的是横着向右转两圈的效果图。下面就请你来找出解开它们的最佳方式吧！

## 补　遗

在海恩的绳谜游戏中，用木片或塑料片来做小牌子可能比用硬纸板效果更好。他还建议用一根长绳来代替3根短绳子。绳子从一个小牌子的第一个孔开始(绳头打个结，以防滑落)穿入另一个小牌子的第一个孔，横着穿入中间的孔后，再穿过第一个小牌子中间的孔，接着横着穿过这块牌上的第三个孔，再回到第二块牌上的第三个孔，从最后的孔出来之后打上结，以免绳子滑出来。这种方法比使用3根短绳子更容易操作。有读者来信说，他用了3根有弹力的绳子，发现操作起来更容易。当然，这个游戏也可以再增加几根绳子，但是，3根已经够复杂的了。

我们从图2.3的表格中一眼就能看出来，图中描述的并不是阿贝尔群(交换群)。阿贝尔群对应的表格应该是一张以左上角到右下角的对角线为对称轴的表格，也就是说，两边三角形区域是互为镜像的。

如果是4个人、而不是3个人来玩那个画线游戏，它的群就是4个元素的排列群。那就和表格中描述的不一样了。因为表格中角上的某些排列形式不能通过旋转或映射获得。表格变换是4个元素排列群的“子群”。所有有限群(拥有有限元素的数群)要么是排列群,要么是排列群的子群。

阿廷在1947年发表的关于辫子理论的论文中介绍了一种方法,它能够使任何一根辫子恢复“正常形式”。就是把第一根绳完全抻直,然后除了和第一根绳绕在一起的环节位置不动,把第二根绳子也抻直。再把除了和第一、二根绳子绕在一起的环节的位置不动,把第三根绳子也抻直,剩下的绳子也用同样的方法。阿廷说,尽管已经证明每根绳子都可以恢复正常的形式,但作者深信,每一次尝试都会让人抓狂,甚至开始鄙视数学。

后来收到一封来自狄拉克的短信,因为太迟了,没能记录在辫子理论那一章里。狄拉克说,他早在1929年就考虑过绳子的问题。曾很多次用它来证明:围绕一个轴线旋转两周的物体,通过一系列运动不断地发生形变,而在两次旋转后都会回到最初的位置,也就是没有变化的状态。狄拉克写道:“从旋转的这一特性可以得出一个结论:一个旋转的物体具有角动量的半个总量,不可能具有其他分数值的总量。”

## 答　案

解开辫子的方法如下:(1)将小牌子从$C$绳的下边由右向左穿过,再从$A$和$B$下边由左向右穿过。(2)将小牌子从$B$绳中点下方由左向右穿过。(3)将小牌子由左向右从所有的绳子下面穿过。

第3章

# 8个趣味题

## 1. 锐 角 分 割

如果有一个钝角三角形,你能不能把它分成一些小的三角形,并且保证它们全部为锐角三角形呢?(3个内角全部为锐角的三角形叫做锐角三角形。当然,有一个角既不是锐角、也不是钝角的三角形就是直角三角形)。如果你觉得这不能做到,能解释原因吗?如果你觉得可以做到,那一个钝角三角形最少能分割成多少个锐角三角形呢?

图3.1所示的分法并没有得到想要的结果。这个钝角三角形被分成了3个锐角三角形和一个钝角三角形,所以这种分法不可以。

在一次去往加拿大温尼伯市的梅尔斯托尔的路上,我发现这是个有趣的问题,因为即使最厉害的数学家也可能被误导,最终得出错误的结论。

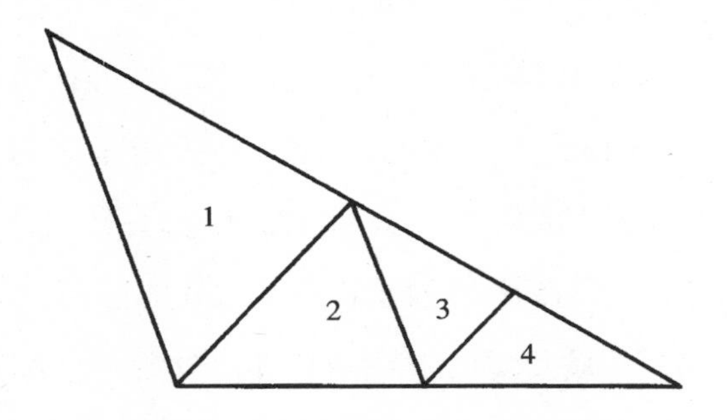


图3.1　这个三角形能被分成一些锐角三角形吗

我发现了这个问题的乐趣之后就又问了自己一个问题:“一个正方形最少能分出多少个锐角三角形呢?”想了几天,我觉得答案是9个,然后我又发现可以减少到8个。我想知道有多少读者能找到8个三角形的分法,或者能分得更少些。因为我一直觉得8个不是最少的分法,但我无法证明这一点。

## 2. 一个“卢纳”是多长

科幻作家威尔斯(H. G. Wells)在《登月先锋》(*The First Men in the Moon*)一书中写到,月球被一群智能昆虫占领,它们住在月球地表下的洞里。假设这些生物有一个测量距离的单位,我们叫它“卢纳”。这个单位之所以被采用,是因为如果用“平方卢纳”为单位来表示月球表面积的数值,就恰好等于用“立方卢纳”为单位来表示的月球体积的数值。月球的直径是3476千米,那一个“卢纳”是多少千米呢?

## 3. 古格尔游戏

1958年,来自明尼阿波利斯—霍尼韦尔公司的小福克斯(John H. Fox, Jr.)和麻省理工学院的马尔尼(L. Gerald Marnie)发明了一种与众不同的赌博游戏,这个游戏叫做古格尔(Googol,10的100次方)。游戏的玩法是:让一个人随意拿几张纸,在每张纸上写一个不同的正数,这些数字可以小到一个分数,也可以大到古格尔(1后面100个0),甚至更大。把这些纸有字的一面朝下,扣在桌子上洗牌,把顺序打乱,然后每人一次抽出一张,把有字的一面朝上放。当你认为你已经找到了最大的数字了,就不再抽牌。这时候你也不能回去拿以前抽过的牌了。如果你把所有的牌都翻过来了,那你就只能选择最后一张牌。

大部分人觉得找到最大数字的概率至多是六分之一,实际上,如果你选择最佳方案,你会发现找到最大数字的概率略大于三分之一。这样就产生了两个问题:1. 这个最佳方案是什么?(注意,这个问题不是问"有什么方法可以使抽出来的数字最大?")2. 如果你采用了这个最佳方案,如何算出你获胜的概率?

如果只有两张纸牌,无论你选哪一张,你获胜的概率都是二分之一。随着纸牌数量的增加,你获胜概率的曲线就会下降(假设你使用的是最佳方案),但随着纸牌数量的不断增加,曲线又会很快趋平,如果纸牌数量超过10张,就几乎没有什么变化了。抽到最大数字纸牌的概率不会小于三分之一。许多人认为如果大幅度增加纸牌数量,抽到最大数字纸牌的难度可能会更大。而事实上,抽中的概率和纸牌数量的多少是无关的,唯一重要的是纸牌上的数字是否按升序排列。

这个游戏还可以用到其他有趣的地方。例如,一个女孩决定年底结婚,她估计有10个男人会向她求婚。但一旦她拒绝一个人,那个人就不会再尝试了。她用什么方法能保证自己能够选到10个人中最好的那个人呢?她成功的可能性又有多大呢?这个最佳方案需要拒绝或放弃一些纸牌上的数字(即求婚),然后再选下一个能超过之前所选数字的纸牌。你需要一个公式来计算应放弃多少张纸牌,这也取决于纸牌的总数。

## 4. 行进的士兵和一只慢跑的小狗

边长为50米的士兵方阵正在匀速行军(图3.2),连队有一只小猎犬,从后排的中间(图中$A$点)沿直线向前慢跑,跑到了第一排的中间(图中$B$点),然后又沿直线跑回后排中间位置。当它跑回$A$点时,方阵正好行进了50米。假如小狗匀速慢跑,返回也没有浪费时间,那它一共跑了多少米?

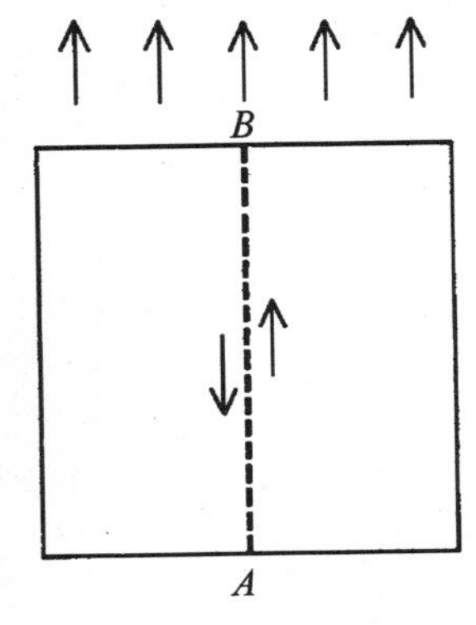

图3.2　小狗跑了多远

如果只用基础代数知识你就能解决这个问

题,那么你还可以尝试一个更难的问题。这个更难的问题由著名出谜人劳埃德(Sam Loyd)提出[见《萨姆·劳埃德数学谜题》(*Mathematical Puzzles of Sam Loyd*)第二卷,平装本,1960年,第103页]。这个问题与之前不一样的是,小狗不是在行进的方阵中来回跑,而是匀速绕着方阵外侧跑,而且一直紧贴着方阵(我们可以假设小狗是沿着正方形的四周在跑)。和之前的情况一样,小狗回到A点时,方阵已经行进了50米,那么小狗跑了多远的距离?

## 5. 巴尔的带子

住在纽约伍德斯托克的巴尔(Stephen Barr)说,他的睡衣上有一条很长的布带,带子两端分别剪成了45度角,如图3.3所示。当他要去旅行时,想把带子尽可能整齐地从一头卷起来,但是两端的斜角让他无法对称地卷好带子。另一方面,如果他把一边折成正方形,那么多出的一角就会使卷起来的带子不平整。他又试了更复杂的折叠方法,虽然花了很大力气,最后还是不能叠成一个平整的长方形。例如,图3.3所示形成的长方形,在$A$部分有三个高出的角,在$B$部分有两个高出的角。

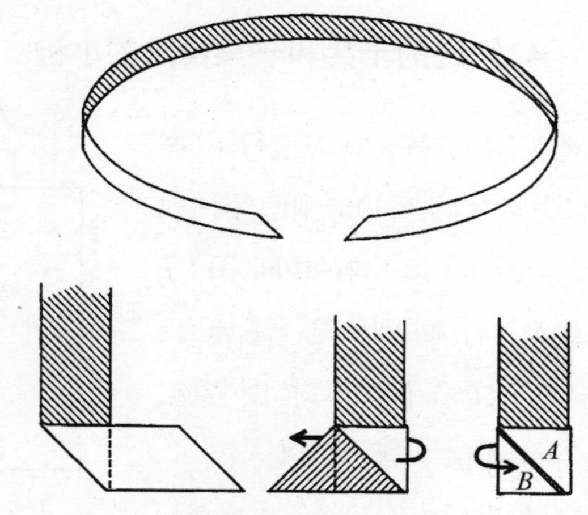


图3.3 巴尔的带子(上图)和不理想的折叠方式(下图)

在斯蒂芬斯(James Stephens)的《金瓦罐》(*The Crock of Gold*)一书中，一位哲学家说过:“没有什么是完美无缺的，一定会有点瑕疵。”然而，巴尔最终还是达到了自己想要的效果，带子可以折成一个整齐的卷，没有不平整的地方。巴尔是怎么叠的呢?你可以把一张纸剪成这样的形状来试一试，看看能不能解决这个问题。

## 6. 怀特、布莱克和布朗

数学系的怀特(Merle White)教授、哲学系的布莱克(Leslie Black)教授和招生处的一位年轻速记员布朗(Jean Brown)在一起吃午饭。

其中的一位女士说:“真是太巧了，我们的姓分别是布莱克(黑色)、怀特(白色)和布朗(棕色)，而我们一个是黑色头发、一个是棕色头发、一个是白色头发。”

“真的啊!”黑色头发的人回答说，“你发现没有?我们头发的颜色和我们的姓都不是一致的。”

怀特教授说:“天啊!你说得真对!”

如果那位女士的头发不是棕色，那布莱克教授的头发是什么颜色呢?

## 7. 风中的飞机

一架飞机从机场$A$直线飞向机场$B$，再从$B$直线返回$A$。飞机始终匀速飞行，而且没有风。如果飞机以相同的速度飞行全程，但有匀速的风从机场$A$吹向机场$B$，那飞机飞行一个来回的时间会有什么变化呢?是更长、更短还是不变呢?

## 8. 宠物如何定价?

一家宠物店的老板买了一些仓鼠和若干对长尾小鹦鹉，小鹦鹉的对数是仓鼠数的一半。仓鼠每只2美元，小鹦鹉每只1美元，他给每只宠物定的零售价比进价多10%。

在还有7只小动物未卖出时，老板发现收到的钱正好和购买所有宠物的钱一样多，他能赚到的利润就在剩下的没有卖出去的7只小动物身上了。那如果剩下的小动物都卖出去了，老板能赚多少钱呢？

## 答　案

1. 一些读者来信证明一个钝角三角形不能被分成若干小的锐角三角形，但实际上是可以做到的。图3.4表明，任何钝角三角形都可以分成这样7个小的锐角三角形。

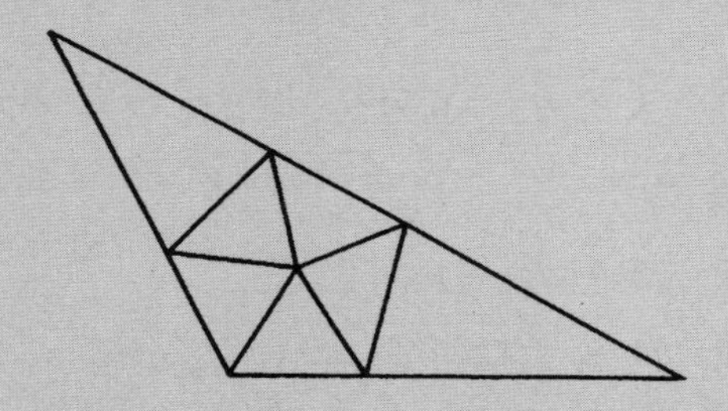

图3.4　一个钝角三角形分成了7个锐角三角形

不难发现，7个是最少的了。这个钝角三角形的钝角要能被一条线分开，而且这条线不能直达正对着的那条边。因为如果直达对边，就会形成另外一个钝角三角形，那样还得继续拆分，得到的结果就不是最小值了。因此，分割钝角的这条线必须在三角形内部的一点上终止，而且必须有5条线在这一点上相交，否则以它为顶点的三角形不能保证都是锐角三角形。这样划分的结果就形成了内部的呈五角形状的5个小三角形，再加其余两个，一共7个锐角三角形。纽约布鲁克林高中的老师曼海姆(Wallace Manheimer)用这种方法解决了1960年11月《美国数学月刊》(*American Mathematical Monthly*)上923页的问题E1406。同时，他还提出了适用于任何钝角三角形的解决办法。

有一个问题产生了：一个钝角三角形能被分成7个等腰锐角三角形吗？答案是否定的。小霍格特(Verner E. Hoggatt, Jr.)和邓曼(Russ Denman)证明了任意一个钝角三角形最多能分成8个等腰三角形(详见1961年11月《美国数学月刊》912—913页)。贾米森(Free Jamison)也证明了只能有8个(同上，1962年6—7月，550—552页)。要想找到小于8个的方案可以参考上述文章的内容。一个直角三角形和一个等腰锐角三角形能被分成9个等腰锐角三角形，而一个等腰锐角三角形能被分成4个全等的等腰锐角三角形，它们和原来的那个是相似的。

如图3.5所示，一个正方形能分成8个锐角三角形。如果这个

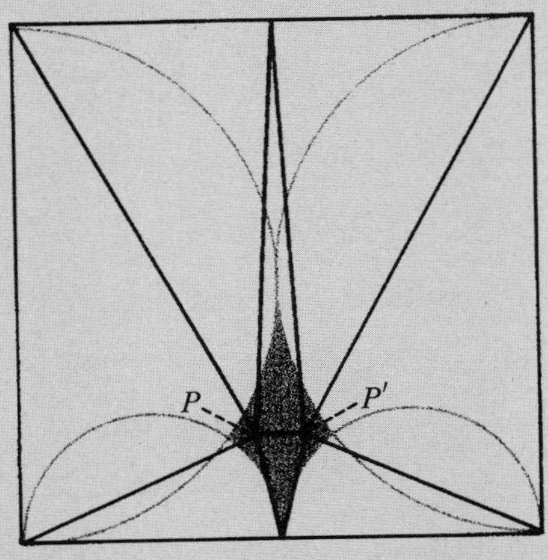


图3.5 正方形可分成8个锐角三角形

分割是两边对称的，$P$点和$P'$点必须位于4个半圆形成的阴影里。范德普尔(Donald L. Vanderpool)在一封信中指出，如果$P$点处在阴影区外任一位置，并且在两个大半圆的外部，那就会形成不对称的形状。

大约25位读者写信证明了不同形式的变化，但最少的数量就是8个三角形。林德格列(Harry Lindgren)在1962年的《澳大利亚数学教师》(*Australian Mathematics Teacher*)杂志18卷第14—15页中也证明了除了像上面提到的一样移动$P$和$P'$点以外，这种拆分的形式是唯一的。考克斯特[①]指出一个令人震惊的事实，那就是：对于任意长方形来说，即使长方形的边长相差足够小，连接$PP'$两点的线段只要能移到中心，就能既保证了平行对称又保证了垂直对称。

1968年，贾米森发现正方形能分成10个等腰锐角三角形。1968年12月的《斐波那契季刊》(*The Fibonacci Quarterly*)中就有证明，正方形可以分出10个或10个以上的等腰锐角三角形。

图3.6展示了五角星形和希腊十字架形如何分成若干最少数量的锐角三角形。

2. 球的体积公式为$\frac{4}{3}\pi R^3$($R$为球的半径)，表面积公式为$4\pi R^2$。如果我们用“卢纳”为单位表示月球半径，再假设月球表面积用“平方卢纳”为单位表示的数值，等于用“立方卢纳”为单位所表示的体积的数值。那通过上述两个公式相等我们就可以很容易地算出月球的半径。π在两边的公式中可以消去，最后得出月球的半径相当于3个“卢纳”，月球的半径是1738公里，所以一个“卢

① 考克斯特(Harold Scott MacDonald Coxeter，1907—2003)，20世纪伟大的几何学家。1936年前往多伦多大学，1948年成为教授，在多伦多大学工作60年，出版了12本书。他的研究中最著名的是正多面体和高维几何。——译者注

图3.6　五角星形和希腊十字架形的最少数量锐角三角形分割方案

纳”相当于580公里。

3. 如果不考虑古格尔游戏中纸片的数量，抽到纸片中最大数字（假设采用最佳方案）的可能性不会小于0.367879。这个数值是e的倒数。当纸片数量趋近于无穷大时它是获胜概率的极限。

如果游戏中用了10张纸片（使用这个数字便于游戏的操作），抽到最大数字的概率是0.398。最佳方案是翻开3张纸片，找到其中最大的数字，然后找出大于这个数字的下一张纸片。从长远来看，每玩5次，你有两次获胜的可能。

下面是艾伯塔大学的莫泽(Leo Moser)和庞德(J. R. Pounder)为这个游戏做的细致分析。假设纸片数为$n$, $p$为找到最大数字之前扔掉的纸片数量。把所有纸片从1到$n$标上数字。假设$k+1$为写有最大数字的那张纸片的编号，那只有当$k$大于或等于$p$（否则有可能在开头$p$张中被扔掉）才有可能选中最大的数字。并且只有当1到$k$中最大值也是1到$p$中的最大值（否则这个数字可能在最大数字出现前被抽到）才能实现。假设最大数字出现在$k+1$中，那么找到这个数字的概率为$p/k$，最大数字保证出现在$k+1$纸片的概率是$1/n$，因为最大的数字只能出现在一张纸片上，我们可以通过以下公式找到这张纸片：

$$\frac{p}{n}\left(\frac{1}{p}+\frac{1}{p+1}+\frac{1}{p+2}+\cdots+\frac{1}{n-1}\right)$$

根据公式赋予$n$一个数值（即纸片数）就可以决定$p$值（被扔掉的纸片数）。由于$n$趋近于无穷大，$p/n$趋近$1/e$，所以$p$值有可能是最接近$n/e$的一个整数。因此，当我们选择$n$张纸片来玩时，采用的一般策略就是放弃$n/e$张纸片，然后选一张上面的数字大于前

边扔掉的 $n/e$ 张纸片中最大数值的纸片。

当然，这是假设游戏者不知道纸片上的数字范围，因此也不了解一个数字是所选范围中较大还是较小值的情况。如果我们知道这些内容，就不用这么分析了。假如我们用10张1美元的纸币来玩这个游戏，然后你第一次抽到的一张纸币上写了9开头的数字，最好的办法就是留下这张纸币。同样的道理，玩古格尔游戏用到的策略也不能全部用到未婚女孩的问题上。正如很多读者指出的，因为女孩对人选已经有了一定的了解，自己心中有了选择的标准。读者约瑟夫·P·罗宾逊(Joseph P. Robinson)就说："如果第一个求婚的人和她心目中的白马王子非常接近，那她马上拒绝是一定会后悔的。"

显然，福克斯和玛尼都曾遇到过同样的问题，这样的问题几年前也发生在其他人身上。一些读者说他们在1958年以前就听说过这样的问题，还有的更早在1955年，但我没有找到任何公开发表的参考材料。确保所选为最大值的问题(而不是找到最大值的机会最大)首次被著名数学家凯利(Arthur Cayley)于1875年提出。

4. 假设方阵的边长为1，方阵行进该距离的时间和速度也为1。假设 $x$ 为小狗往返的总距离和速度。小狗前进时的速度相对于方阵行进的速度为 $x-1$。小狗在返回路上的速度相对于方阵行进的速度为 $x+1$。(相对于方阵)小狗一次行程为1，往返的路程在一个单位时间内完成，可以得到如下公式：

$$\frac{1}{x-1}+\frac{1}{x+1}=1$$

该等式可以表达成 $x^2-2x-1=0$，那么 $x$ 的正值为 $1+\sqrt{2}$，结果

乘以50,最后的答案为约120.7米。换句话说,小狗所走的路程等于方阵的边长加上该长度的 $\sqrt{2}$ 倍。

劳埃德版本的这个问题,即小狗绕着方阵跑的情况,也可以通过同样的方法解决。特拉华大学计算中心的杰克森(Robert F. Jackson)更加清晰简明地解释了这个问题。

与前文一样,假设方阵边长为1,方阵前进其边长距离的时间和速度均为1。假设小狗所走路程和速度为$x$,相对于方阵行进的速度,小狗向前跑的速度为$x-1$,两个横向前进的速度为 $\sqrt{x^2-1}$ 。返回的速度为$x+1$。在单位时间内跑完一圈,那就可以得到下面的公式:

$$\frac{1}{x-1}+\frac{2}{\sqrt{x^2-1}}+\frac{1}{x+1}=1$$

这个等式可以写成一个四次方程: $x^4-4x^3-2x^2+4x+5=0$ 。最后得到一个正的实根为约4.18112。这个结果乘以50,就得到了我们想要的答案约209.056米。

弗吉尼亚大学的吉布森(Theodore W. Gibson)发现以上等式的第一种形式通过两边开方写成以下形式:

$$\frac{1}{\sqrt{x-1}}+\frac{1}{\sqrt{x+1}}=1$$

这和前一个版本问题的等式几乎是一样的。许多读者发来了这个问题不同版本的分析方法:有的沿平行于正方形一条对角线的方向前进,有的沿着规则的多边形(大于4条边的图形)前进,有的沿着圆圈走,还有的以螺旋的路径等等。米汉(Thomas J. Meehan)和萨尔斯伯格(David Salsburg)都指出,这个问题和为驱逐舰设计一个正方

形的搜寻路线来驱赶一艘行进的船是一样的，可以通过海军称之为“驾驶图解”上的矢量图来找到最简单的解决办法。

5. 要想带子折起来之后是厚度一致的长方形，图3.7所示的方法是最简单的。这样折叠之后最整齐，也不会受到带子长度和两端斜角的影响。

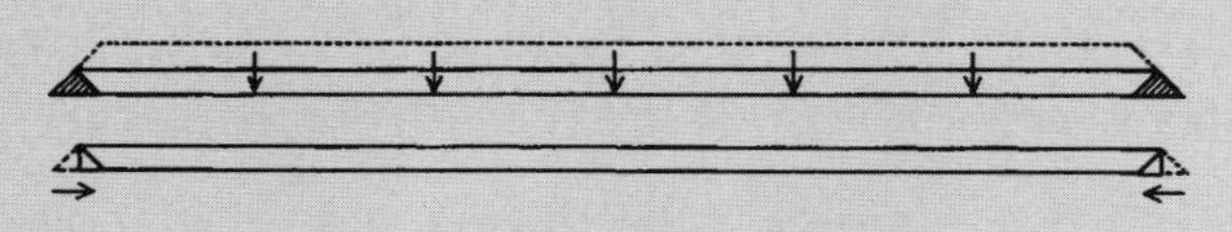

图3.7　巴尔折叠带子的方法

6. 假设那位女士是速记员布朗，那就会产生一个矛盾。因为她的发言得到了黑头发人的回应。因此布朗的头发不是黑的，而且也不能是棕色的。因为如果是棕色的就和她的名字一致了。那布朗的头发就是白色的。这样一来布莱克教授的头发就是棕色的，怀特教授的头发就是黑色的。但是黑头发的人的发言引起了怀特的感叹，那他们就不是同一个人。因此我们只能假设布朗是位男士。怀特教授的头发不能是白色的（如果是就和他或她的名字一致了），也不能是黑色的，因为他（或她）回应了黑头发人的发言，因此只能是棕色的。如果女士的头发不是棕色，那怀特教授就不是那位女士。布朗是位男士，所以布莱克教授就一定是女士，她的头发不能是黑色或棕色，那她一定是位白色头发的美女了。

7. 飞机从$A$飞到$B$受风的影响会加速，从$B$返回$A$速度会减慢。有人会认为这一来一回速度差异就相互抵消了，所以总的飞行时间就不会受到影响。但事实上不是这样的。因为飞机加速飞行比减速飞行的时间短，所以总的飞行效果是减速的。所以受到定向恒速（不论其速度和方向如何）风力影响的总飞行时间要比不受风力影响的总飞行时间来得长。

8. 假设最初购买的仓鼠和小鹦鹉的数量都为$x$，假设还没有卖出的仓鼠的数量为$y$，那么没有卖出的动物中，小鹦鹉的数量为$7-y$，卖掉的仓鼠数量为$x-y$（仓鼠以2.20美元一只卖出，比成本价高出10%），卖掉的小鹦鹉（每只1.10美元）的数量为$x-7+y$。

那么仓鼠的成本为$2x$美元，小鹦鹉为$x$美元，共$3x$美元。仓鼠卖了$2.2(x-y)$美元，小鹦鹉卖了$1.1(x-7+y)$美元，共$3.3x-1.1y-7.7$美元。

已知两个总数相等，所以可以得到以下丢番图方程：

$$3x=11y+77$$

因为$x$和$y$均为正整数，$y$小于7，那么可试用8个可能的$y$值（包括0在内）以确定其中哪些$y$值使$x$也是整数。可能的答案分别为5和2。如果不考虑小鹦鹉是成对买的，这两个值都可以。如果把这个因素考虑进去，2就不满足条件。因为那样的话$x$值为奇数33，所以我们得出结论，$y$值为5。

现在来总结一下：宠物店老板共买了44只仓鼠，22对小鹦鹉，共花了132美元。他卖掉了39只仓鼠和21对小鹦鹉，共卖了132美元。还剩5只仓鼠，零售值11美元；2只小鹦鹉，零售值2.2美元，老板共赚13.2美元。这就是问题的答案。

第4章

# 刘易斯·卡罗尔的游戏和谜题

牧师道奇森(Charles L. Dodgson)以刘易斯·卡罗尔(Lewis Carroll)的笔名,撰写幻想能流芳百世的佳作。他是一位普通的数学家,在牛津大学发表过乏味的演讲,并写了一些诸如几何图形和代数行列式方面的枯燥论文。只有当他以比较轻松的心态探讨数学时,他撰写的数学主题和写作方式才让人产生持久的兴趣。罗素[1]曾说,卡罗尔的唯一重要发现是两个逻辑悖论,作为笑话发表在《智力》(*Mind*)杂志上。卡罗尔还为年轻人写了两本关于逻辑方面的书,两本书涉及的都是老套话题,但包含有离奇和荒谬有趣的谜题,因此,最近两本书合二为一,由多佛出版社出版了平装本,正在赢得新的读者。他的正式教科书早已绝版,但他的两卷谜题书《一个纠结的故事》(*A Tangled Tale*)和《枕边问题》(*Pillow Problems*)至今还能买到(多佛出版的平装本)。在韦弗(Warren Weaver)的文章"数学家卡罗尔"(《科学美国人》1956年4月)中,没有涉及这4本书的任何话题(或任何娱乐材料)。让我们考虑牧师道奇森一些更隐晦的游戏和谜题。

在《西尔维和布鲁诺》(完结篇)(*Sylvie and Bruno Concluded*)——卡罗尔

① 罗素(Bertrand Russell,1872—1970),英国哲学家、数学家、逻辑学家、历史学家、无神论者,也是20世纪西方最著名、影响最大的学者和和平主义社会活动家之一。他与怀特海(Alfred N. Whitehead)合著的《数学原理》(*Principia Mathematica*)对逻辑学、数学、集合论、语言学和分析哲学产生了巨大影响。1950年,罗素获得诺贝尔文学奖。——译者注

图4.1　刘易斯·卡罗尔画像，由哈利·弗尼斯(Harry　Furniss)创作，他是卡罗尔的著作《西尔维和布鲁诺》的插图作者

几乎被人遗忘的奇幻小说《西尔维和布鲁诺》第二部，一位德国教授问一群住店的客人，是否熟悉神奇的纸环，它可以由一条纸带半扭曲，然后将两端联结在一起而形成：

“只是在昨天，我看见一个人在做”，一位伯爵回答说，“穆里尔，我的孩子，你不是做了一个去逗那些想要喝茶的孩子吗？”

“我做了，我知道那个谜题”，穆里尔女士说，“纸环只有一个表面，并且只有一个边缘，非常神奇！”

教授然后演示默比乌斯环和另一个引人注目的拓扑怪物之间的密切联系。这个怪物就是射影平面：一片没有边缘的表面。首先，他找穆里尔女士要

3条手帕，把两条手帕放在一起，手帕的顶角对齐，将手帕顶边缝在一起，然后将一条手帕扭曲半圈，和手帕底部边连在一起，结果形成一个只有单一边缘、由手帕4条边组成的默比乌斯表面。

第三条手帕同样也有4条边，也能形成一个闭环。教授解释说，如果将第三条手帕4条边与上面的默比乌斯表面4条边缝在一起，结果将是一个封闭、无边的表面，除了只有一个面之外，就像球面一样。

"我明白了!"穆里尔女士急切地打断教授的话，"它的外表面与其内表面是相连的!但这需要时间，喝完茶我就会把它缝好。"她放下包，继续喝茶。"但是你为什么称它是取之不尽的钱袋，亲爱的伯爵先生?""亲爱的"，那位老人对她微笑着说……"我的孩子，你没看见……装在钱包里面的在钱包外面，装在钱包外面的在钱包里面，所以在你那只小小的钱包里，拥有世界上所有的财富!"

幸好穆里尔女士没有在第三条手帕上做缝纫的机会。在没有自相交的表面上是不能做的。不过，教授的建议对射影平面的结构给出了深刻的解释。

创立一般语义学的科尔兹布斯基(Alfred Korzybski)伯爵的崇拜者都喜欢说："地图不是领土。"卡罗尔的德国教授则介绍，在他的国家，地图和领土最终可以成为相同的。为了提高精度，地图制作者逐渐扩大地图的比例尺，开始为6码/英里，然后扩大到100码/英里[①]。

"然后产生了最伟大的想法!我们真的做成了国家地图，比例尺是1∶1的!"

我问他："你有没有用过这张地图呀?"

伯爵先生说："那张地图从来没有展开过，农民们反对说，地图展开后将会覆盖整个国家，并把阳光遮住!所以我们现在使用国家作为自己的地图。我向你保证，它几乎和地图一样。"

① 为与原书保持统一，本书保留原有数据及单位，与国际标准单位的相应换算为：1公里=1千米，1英里=1.6093千米，1码=0.9144米，1英尺=12英寸=0.3048米。——译者注

所有这一切都是卡罗尔取笑英国人过度尊重德国人学识渊博的方式。在其他地方，他写道："如今，无科学之人用美名来安排商店名，用咳嗽代替阿嚏、额嚏、奥赫！"

在1954年由牛津大学出版社出版的《刘易斯·卡罗尔的日记》(*The Diaries of Lewis Carroll*)中，有许多条目反映出他一直专注于娱乐数学。1898年12月19日，他写道："昨晚熬夜到凌晨4点，研究从纽约寄来的一个诱人谜题：找到3个面积相等的直角三角形，要求三角形的3边都为有理数。我找到了两个，其3边分别是20、21、29和12、35、37，但没找到第三个。"也许一些读者很乐意看到他们自己能成功而卡罗尔失败。实际上，以整数为边、面积相等的直角三角形的个数是没有限制的，但除3个三角形以外，其他的面积值不小于六位数。卡罗尔几乎找到了将在答案部分给出的3个符合要求的三角形。其中一个的面积尽管大于卡罗尔引用的每个三角形的面积，但仍然小于1000。

卡罗尔在1894年5月27日写道："在过去的几天里，我靠'说谎'这一两难推论解决了一些好奇的谜题。例如，*A*说*B*说谎；*B*说*C*说谎；*C*说 *A*和*B*说谎。问题是：谁说谎，谁讲真话呢？必须假设：*A*参考*B*的说法，*B*参考*C*的说法，而*C*参考*A*和*B*结合一起的说法。"

卡罗尔发明了几种不寻常的文字游戏，其中"成对"纸牌游戏在那个年代最为流行。部分原因是因为英语杂志《名利场》(*Vanity Fair*)发起了一次大奖赛。这个游戏是取两个长度相同的单词，然后将一个单词的每个字母通过一系列变化，最后变成另一个单词。换句话说，每次变化仅改变前一单词中的一个字母。专有名词不得作为变化过程中的连接词，而变化前后的两个单词必须是常见词，能在简明词典中找到。例如，PIG(猪)可以如下变成STY(猪圈)：

PIG

WIG

WAG

WAY

SAY

STY

当然,你必须努力让中间改变次数最少。对于喜欢字谜的读者来说,下面是来自《名利场》的第一次比赛的6个成对字谜,看看哪些读者能用较少次数的改变获得成功,非常有趣。

6个成对字谜是:

证明草是绿色的。(Prove GRASS to be GREEN)

人是从猿进化的。(Evolve MAN from APE)

将1升到2。(Raise ONE to TWO)

将蓝色变成粉色。(Change BLUE to PINK)

让冬天成为夏天。(Make WINTER SUMMER)

把胭脂涂在脸颊上。(Put ROUGE on CHEEK)

像许多数学家一样,卡罗尔喜欢各种各样的字谜游戏:根据名人的名字组成字谜。最好的一个是:William Ewart Gladstone(威廉·艾瓦特·格莱斯顿)——Wild agitator,意思是野生搅拌器,用意很好)。根据小女孩的名字写藏头诗的诗句,发明谜语和哑谜游戏,使用双关语。他写给孩子们的信充满了这类内容。在一封信中,他提到自己的一项发现,ABCDEFGI可以重新排列成一个带连字符的单词。你能找到它吗?

在卡罗尔的作品中,双关语比比皆是,它们都很巧妙,而且不离谱。他曾经把"sillygism"(演绎推理)定义为两个拘谨小姐(two prim misses)结合而产生的一种错觉。他在数学双关语方面的精湛技巧，在一本政治讽刺小册子《粒子动力学》(*Dynamics of a Particle*)中达到最高点。书中开篇这样写道：

“简单肤浅是演讲的特点，其中包含两个观点。只要考虑这两点，就可以发现演讲者完全是在撒谎。普通的愤怒指持两种不同观点倾向的选民相遇时表现出的愤怒。当一位学监碰见另一位学监，各自给代表的一方及对方投票相等时，双方都开心的感觉叫做正确的愤怒。当两个政党聚在一起时，他们的感觉是正确的愤怒。一方被认为是另一方的互补(严格地说，这种情况很少见)。迟钝的愤怒强于正确的愤怒。”

数学双关语还为卡罗尔的另一本小册子《计算π值的新方法》(*The New Method of Evaluation as Applied to* π)增添了很多幽默。π代表乔伊特(Benjamin Jowett)的薪水，乔伊特是希腊语教授，柏拉图[①]作品的翻译，许多人怀疑他带有非正统的宗教观。这本小册子讽刺牛津官员未能就乔伊特教授的薪水达成一致意见。下面一段话体现了小册子的风格，其中J代表乔伊特：

“很早以前人们就觉察到，计算π的主要障碍是J的存在。在数学发展早期，J可能指的是直角坐标轴，它被分成两个不相等的部分——一个任意消去的过程，现在被认为是不正当的。”

人们几乎可以听到红桃女王尖叫：“砍掉他的头！”

喜欢沉迷于文字游戏的伟大作家几乎都是卡罗尔的崇拜者。乔伊斯(James Joyce)在《芬尼根守灵夜》(*Finnegans Wake*)中引用了许多具有卡罗尔风格的资料，包括略显不敬地指称卡罗尔本人为“道奇神父、道奇森和首席运营官”。纳博科夫的小说《洛丽塔》很著名，不仅因为其令人震惊的主题，也因为它变化多端的语言。1923年，纳博科夫将《爱丽丝漫游奇境记》译成俄文

① 柏拉图(Plato，公元前427年—公元前347年)，古希腊时期重要的思想家，也是西方客观唯心主义的创始人，其哲学体系博大精深，对其教学思想影响尤甚。他一生著述颇丰，其教学思想主要集中在《理想国》(*The Republic*)和《法律篇》(*The Law*)中。——译者注

（不是第一个译者，但他本人认为译得最好），卡罗尔和纳博科夫还有其他一些有趣的相似之处。像卡罗尔一样，纳博科夫喜欢下国际象棋，他的小说《防守》，讲的就是一位偏执狂棋手的故事。他还喜欢亨伯特（Humbert），亨伯特是《洛丽塔》的叙述者，他对小女孩的热情就和卡罗尔一样。亨伯特肯定地补充说，卡罗尔一定会被《洛丽塔》感动。

道奇森认为自己是一个快乐的人，但是在他的胡言乱语下，总是回荡着一股悲伤的暗流：一个害羞、压抑的寂寞单身汉，躺在床上彻夜难眠，通过发明并解决复杂的"枕头问题"，与他所谓的"邪恶思想"作斗争。

> 然而，所有这些快乐对我来说意味着什么？
>
> 我的脑海中充满了指数、无理数。

$$x^2 + 7x + 53 = \frac{11}{3}$$

## 补　遗

刘易斯·卡罗尔在1877年圣诞节为两个"无所事事"的女孩发明了成对字谜。他出版了许多有关这种游戏的活页和小册子，最开始他称这种游戏为"连字"。有关这些出版物和游戏史请见《刘易斯·卡罗尔手册》（*The Lewis Carroll Handbook*），由格林（Roger L. Green）编辑和修订，牛津大学出版社出版（第94—101页）。

成对字谜出现在很多新旧谜题书中。德米特里·伯格曼（Dmitri Borgmann）在他最近的著作《假期中的语言》（*Language on Vacation*，斯克里布纳出版社，1965年）第155页上，称成对字谜为"字梯"，并指出理想的字梯是前后两个词在同一位置上没有相同的字母，变化的步数与单词的字母数相同。他举了个例子，用4步将COLD 变成 WARM（寒冷变成温暖）。

在纳博科夫的《微暗的火》（*Pale Fire*）中找到成对字谜（以"字高尔夫"命名）

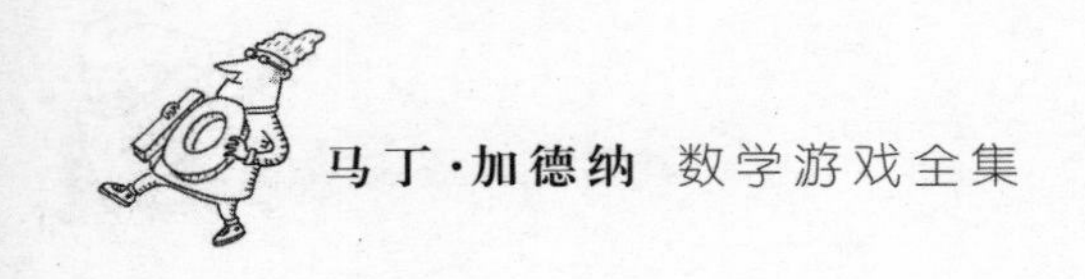


并不奇怪。小说中的疯狂解说员在评论小说中一首诗的第819行时，谈到用3步将HATE 变成 LOVE（恨变成爱），用4步将LASS 变成MALE（姑娘变成男子），用5步将LIVE 变成 DEAD（活变成死），中间使用LEND（借）。前两个变化的解决方法由麦卡锡（Mary McCarthy）在她著名的评论小说《新共和国》（*New Republic*, 1962）的文章里给出。麦卡锡小姐以小说的标题为依据，增加了自己创造的一些新的成对字谜。

约翰·梅纳德·史密斯（John Maynard Smith）在一篇关于"分子进化的局限性"的文章[（收在歌德（I. J. Good）编辑的《科学家的推测》（*The Scientist Speculates*），基本图书公司，1962年，第252—256页]中发现，成对字谜的变化与物种演变过程具有惊人的相似之处。如果我们把螺旋形DNA分子作为一个特别长的"字"，那么单突变相当于字谜游戏的步数。实际上APE变成MAN的过程非常类似于玩成对字谜游戏的过程！作为例子，史密斯给出了WORD变成GENE的一共4步的完美变化过程。

## 答　案

刘易斯·卡罗尔的一个谜题是找到3个直角三角形，它们3条边为整数，且面积相等。答案是40、42和58，24、70和74，15、112和113，每个三角形的面积都是840。若卡罗尔将他找到的两个三角形的边长加倍，那么他会得到上面所提到的前两个三角形，根据该步骤第三个三角形也很容易找到。杜德尼（Henry Ernest Dudeney）在解答他的《坎特伯雷谜题》（*Canterburg Puzzles*）中的第107题时，给出了一个计算公式，利用这个公式可以很容易地找到这类三角形。

在卡罗尔的真话与谎言的谜题里，只有一个答案不会导致逻辑上的矛盾：*A*和*C*说谎话，*B*说真话。将词"说"(say)作为逻辑连接符号，就很容易进行命题演算。不需要逻辑图，就能简单地列出3个人或说谎或说真话的8种可能组合。然后研究每个组合，删除那些导致逻辑矛盾的组合。

卡罗尔的6个成对字谜的答案分别是：

GRASS, CRASS, CRESS, TRESS, TREES, FREES, FREED, GREED, GREEN；

APE, ARE, ERE, ERR, EAR, MAR, MAN；

ONE, OWE, EWE, EYE, DYE, DOE, TOE, TOO, TWO；

BLUE, GLUE, GLUT, GOUT, POUT, PORT, PART, PANT, PINT, PINK；

WINTER, WINNER, WANNER, WANDER, WARDER, HARDER, HARPER, HAMPER, DAMPER, DAMPED, DAMMED, DIMMED, DIMMER, SIMMER, SUMMER；

ROUGE, ROUGH, SOUGH, SOUTH, SOOTH, BOOTH, BOOTS, BOATS, BRATS, BRASS, CRASS, CRESS, CREST, CHEST, CHEAT, CHEAP, CHEEP, CHEEK.

字母ABCDEFGI重新排列，变化为带连字符的词BIG-FACED。

卡罗尔给出《科学美国人》上出现的成对字谜的答案之后，很多读者寄来更短的答案。下面从GRASS到GREEN漂亮的7步变

化是由科恩(A. L. Cohen)等人发现的:

GRASS

CRASS

CRESS

TRESS

TREES

TREED

GREED

GREEN

戈特利布(C. C. Gotlieb)夫人寄来了类似的七步法,将上述方案的第二、第三和第四个词分别用GRAYS、TRAYS和TREYS替换。如果古老的词GREES可接受,其变化用4步即可完成。这由巴尔等3人独立发现:

GRASS

GRAYS

GREYS

GREES

GREEN

班克罗夫特( David M. Bancroft)等10位读者寄来了从APE到MAN的最佳5步变化:

APE

APT

OPT

OAT

MAT

MAN

许多读者发现了从ONE到TWO(1到2)的7步变化,但是都包含至少一个不常见的词,因此,我将棕榈奖颁给提出6步变化的珀西瓦尔(H. S. Percival):

ONE

OYE

DYE

DOE

TOE

TOO

TWO

"Oye"是苏格兰语"孙子"的意思,出现于《韦氏新大学词典》(*Webster's New Collegiate Dictionary*)。

从BLUE变到PINK(蓝色变成粉红色)由珀金斯(Wendell Perkins,左边一列)和瑟斯顿(Richard D. Thurston,右边一列)用7步完成:

| | |
|---|---|
| BLUE | BLUE |
| GLUE | BLAE |
| GLUT | BLAT |
| GOUT | BEAT |
| POUT | PEAT |

PONT PENT

PINT PINT

PINK PINK

胡文(Frederick J. Hooven)发现了把WINTER变成SUMMER的8步法,使用的都是常用词,很令人钦佩。

WINTER

WINDER

WANDER

WARDER

HARDER

HARMER

HAMMER

HUMMER

SUMMER

如果使用不太熟悉的单词,那么用7步就可以完成变化。这个变化由莫尔斯太太(Mrs. Henry A. Morss)等人提供:

WINTER

LINTER

LISTER

LISPER

LIMPER

SIMPER(或 LIMMER)

SIMMER

SUMMER

劳伦斯·约瑟夫(Lawrence Jaseph,左边一列)和胡文(右边一列)将ROUGE变化到CHEEK的步数减少到11步:

ROUGE　　ROUGE

ROUTE　　ROUTE

ROUTS　　ROUTS

ROOTS　　ROOTS

BOOTS　　COOTS

BLOTS　　COONS

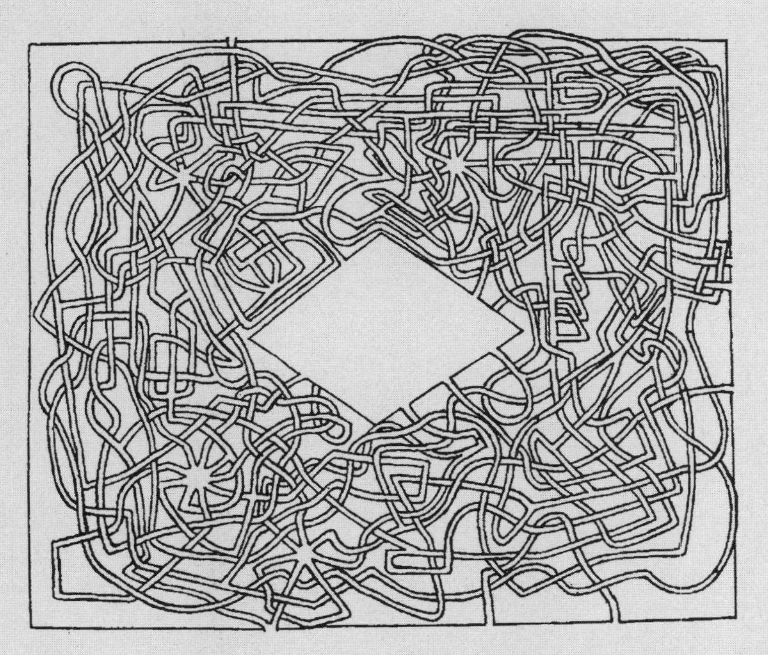

图4.2　刘易斯·卡罗尔在他20岁出头时画的一个迷宫,找到走出中央空间的出口路径。这些路径相互交叉,偶尔还被单线阻断

| | |
|---|---|
| BLOCS | COINS |
| BLOCK | CHINS |
| CLOCK | CHINK |
| CHOCK | CHICK |
| CHECK | CHECK |
| CHEEK | CHEEK |

# 第5章

# 剪　纸

在第二册《科学美国人趣味数学集锦》(*Scientific American Book of Mathematic Puzzles & Diversions*)一书中,有一个章节涉及折纸游戏题。用一把剪刀,就可剪出许多有趣的新图案,其中不少图案以奇妙的方式为平面几何的定理和重要性增添戏剧性。

例如,有一个著名的定理,任意三角形的内角之和是一个平角(180°角)。用一张纸剪出一个三角形,在每个角的顶点处画一个点。剪下所有的角,将3个加点的角巧妙地组合在一起,你会发现形成一个平角(见图5.1a)。试一下四边形的4个角。这个四边形可以是任何形状,如图5.1b中所示的凹四边形。4个剪下的角放一起,总能形成一个周角,即360°角。若我们延长凸多边形的任意一条边,如图5.1c中所示,虚线对应的角称为外角。不管多边形有多少条边,把外角剪下来,加在一起等于360°。

如果一个多边形的两边或多边相交,我们有时称它们为交叉多边形。五角星或五角星形(古代毕达哥拉斯学派[①]的徽章是大家熟悉的例子。随意

① 毕达哥拉斯学派亦称"南意大利学派",是一个集政治、学术、宗教三位于一体的组织,由古希腊哲学家毕达哥拉斯所创立。该学派产生于公元前6世纪末,公元前5世纪被迫解散,其成员大多是数学家、天文学家、音乐家。它是西方美学史上最早探讨美的本质的学派。毕氏学派试图用数来解释一切,不仅万物都包含数,而且认为万物就是数。——译者注

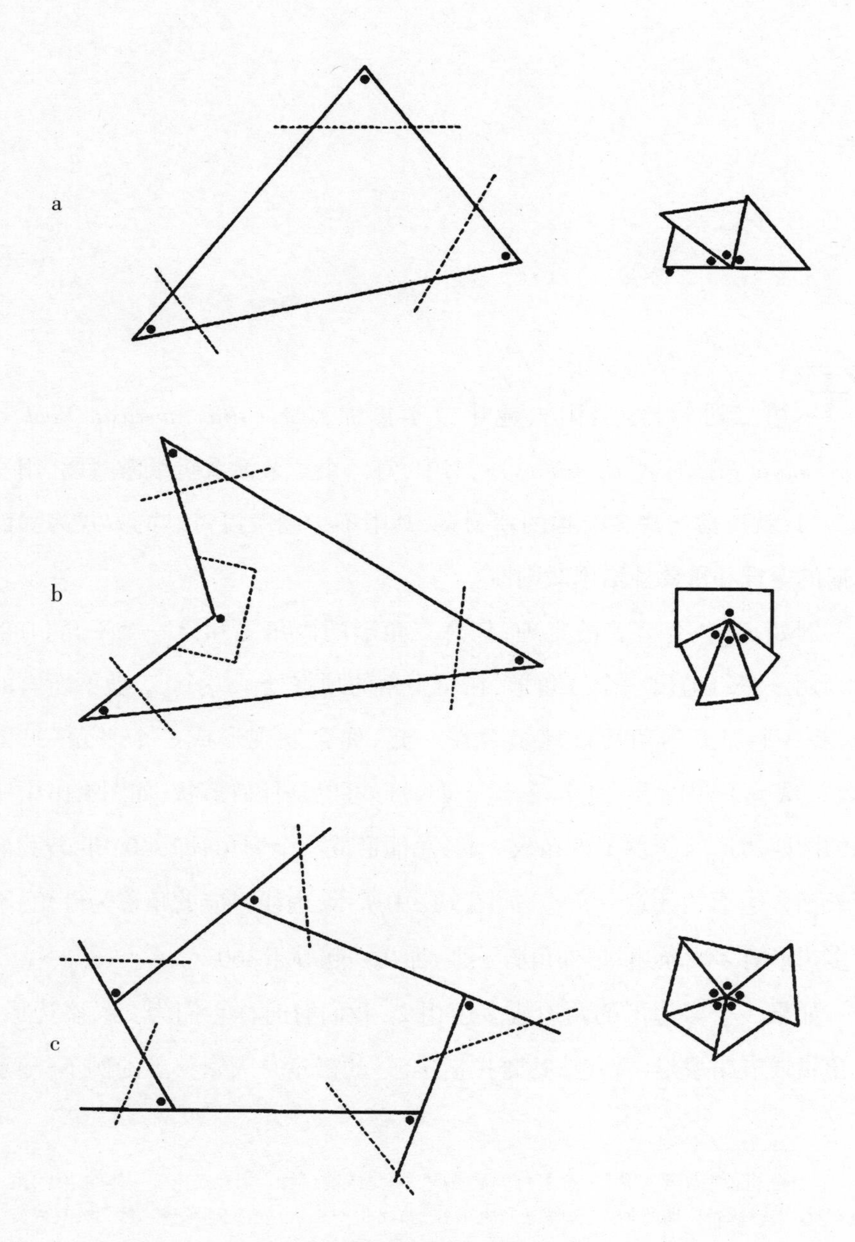


图5.1 通过剪切多边形,可以发现平面几何定理

画个星形(可以画成图5.2所示的不规则形,星形的一个或两个角和顶点没有伸出星体之外),给5个角加上点,剪下角并修剪边后拼在一起。你可能会惊讶地发现,和三角形的那个例子一样,任何5个带点的角连接起来,形成一个平角。该定理可以凭一种经验方法——滑动火柴的方法来证实。画一个大五角星,然后按照图5.2所示,把一根火柴沿图形一边摆放,滑动火柴,直到火柴头接触到图形最上面一个角的顶点,然后保持顶点处火柴头不动,向左摆动火柴尾,使火柴移动到另一条边上。这时火柴已经改变了方向,它转动的角的度数等于图中最上面的角的度数。沿着这一条边向下滑动火柴,到达角的顶点后,做同样的事情:转动火柴头部,移到另一条边,滑动火柴。在每个角的顶点处重复这一过程。当火柴回到最初的位置,你会发现火柴与开始时相比位置将是颠倒的,做了一个正好180°的旋转。这个旋转角度显然是五角星形5个角之和。

滑动火柴的方法不仅可以用来证明多边形内角和的定理,还被用来发现新的定理,它是测量各种多边形角的简易装置(包括星形以及杂乱无章的各种形状)。这根火柴返回到其开始位置后,或者指向当初的同一方向,或者指向相反方向,在火柴始终以相同方向旋转的前提下,可得出结论:火柴所滑过的角的度数总和,必定是一个平角的倍数。如果在交叉多边形中,火柴滑动时沿两个不同的方向旋转,那么尽管可证明其他的定理,但我们无法得出所有角度的总和。例如,一根火柴沿着图5.3中的交叉八角形的周边滑动,在标有$A$的角处顺时针转动,在标有$B$的角处逆时针转动,最后可以发现在$A$角处顺时针转动和在$B$角处逆时针转动的角度相同。虽然我们不能得到8个角之和,但我们可以说4个$A$角的和等于4个$B$角的和。这点很容易通过剪纸或正式的几何证明来验证。

应用人们熟知的勾股定理,可以产生许多精美的剪纸作品。一个了不

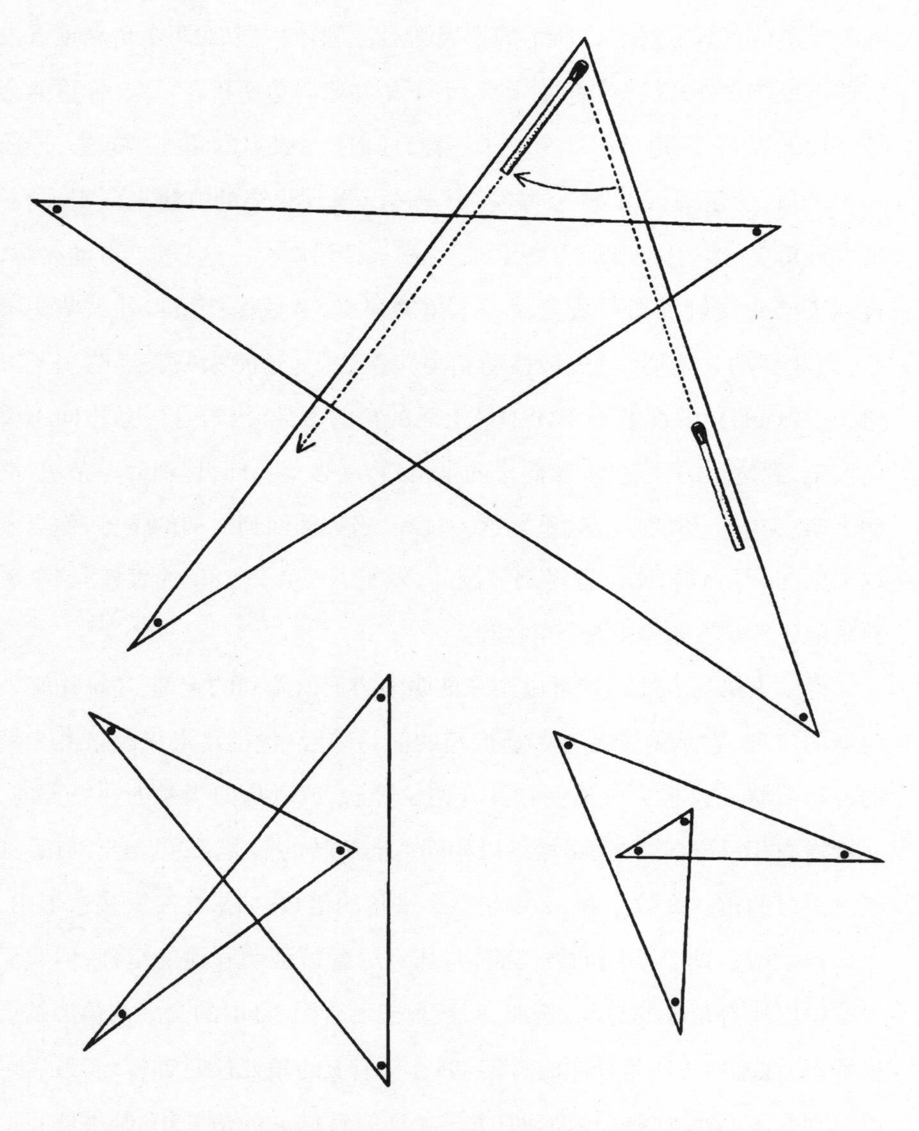

图5.2 沿着五角星形滑动火柴，可以证明加点的5个角的和为180°

起的例子是19世纪由伦敦股票经纪人及业余天文学家佩里加尔（Henry Perigal）发现的。根据直角三角形的3条边构建3个正方形（见图5.4），经过较

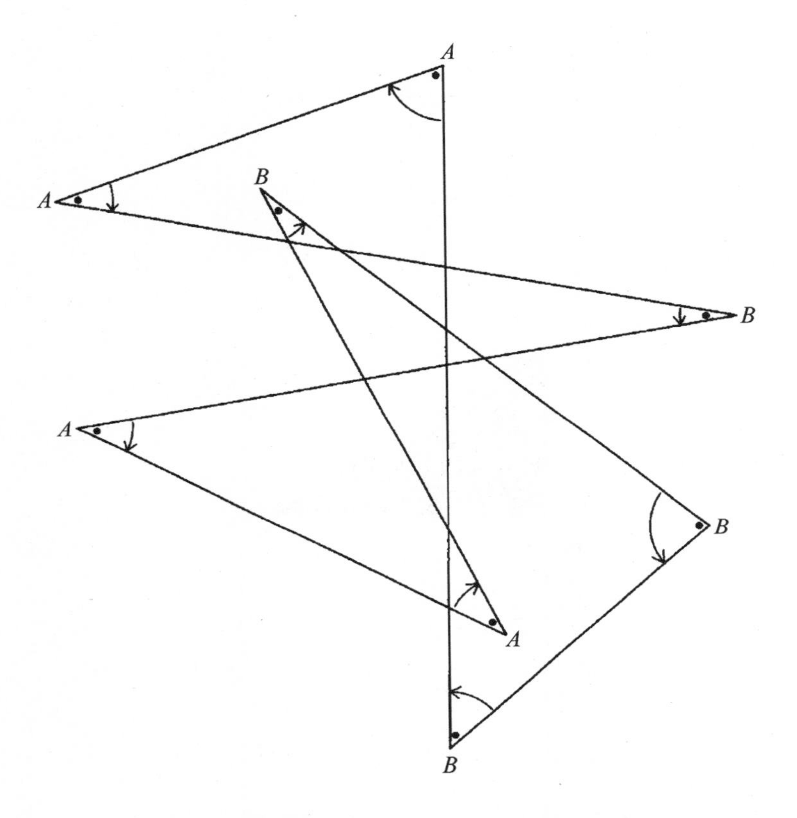


图5.3　在交叉八角形上，$A$角之和与$B$角之和相等

大正方形(或其他具有相同尺寸的正方形)的中心画两条线，将该正方形分成四等分(这两条线互相垂直，且其中一条线与直角三角形的斜边平行)。剪下这四等分图形和较小的正方形，你会发现，移动这5块图形，让它们仍保持在同一平面内，就形成由直角三角形斜边构成的大正方形(虚线所示)。

佩里加尔大约在1830年发现了这种剪切拼图，但直到1873年才对外公布。他非常高兴，甚至把这拼图印在了他的名片上。他公布了包括上述拼图在内的数百种拼图(没有见过这个拼图的人要把这5块拼在一起有相当大的难度，首先画出两个正方形，然后拼成一个大正方形)。有趣的是，1899

图5.4 佩里加尔剪纸示范著名的欧几里得第47命题

年伦敦皇家天文学会的公告上刊登了佩里加尔的讣告，说他“一生从事天文学的主要目的”是说服别人，尤其是“不坚定的持相反信念的年轻人”，用“旋转”这个词说明月亮围绕地球运行是一个严重的误用。他编写了几本小册子，构建了月亮围绕地球旋转的模型，甚至写诗来证明自己的观点，“满怀英雄气概，找不到任何结果，不断遭受令人失望的打击”。

将多边形剪成几块后再拼成其他的多边形，这是娱乐数学最迷人的分支之一。已经证明，任何多边形都可以剪切成数量一定的小块，然后拼成同样面积的其他多边形，当然，人们一般对这种剪切兴趣不大，除非剪切的块数尽量少，产生令人吃惊的变化。例如，你想象得出，常规的六角星形或大卫的六芒星被剪切成5块（见图5.5），然后用这5块拼成一个正方形吗？（通常五角星形剪切成不少于8块才能拼成一个正方形）。澳大利亚专利局的林德格列也许是数学界中这类剪切拼图的专家，从图5.6我们看到，他漂亮地将规则的十二边形剪切成6块，然后拼成一个正方形。

还有一种完全不同的剪纸娱乐，可能魔术师比数学家更为熟悉。这类剪纸包括反复多次折叠一张纸，剪一刀，然后打开折叠部分，出现一些令人惊讶的结果。例如，展开部分是一个规则的或设计好的几何图形，或者其上

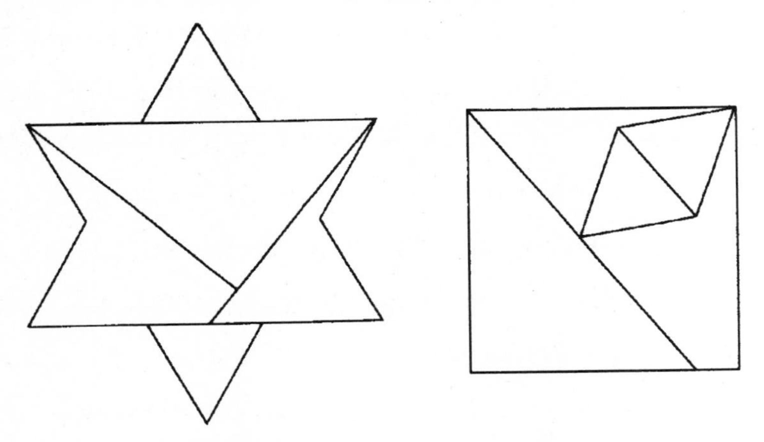

图5.5　E.B.埃斯科特发现了将普通六角星形变成一个正方形的剪纸图

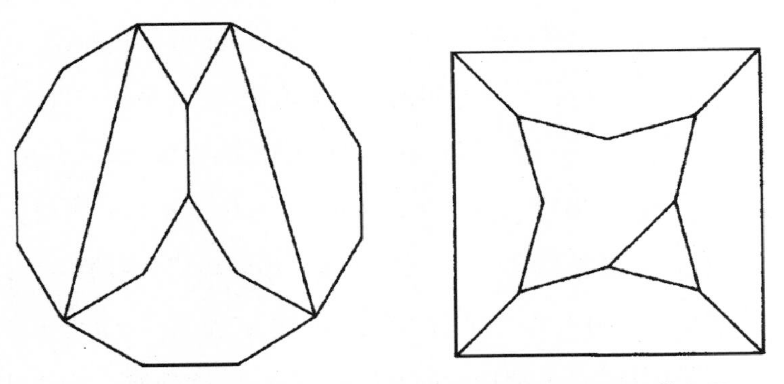

图5.6　林德格列把一个规则的十二边形变成正方形的剪纸图

有一个如此这般形状的孔。1955年，芝加哥的爱尔兰魔术公司出版了由洛(Gerald M. Loe)撰写的一本书，叫做《纸的游戏》(*Paper Capers*)，内容几乎全是剪纸这种特别的技艺。这本书详细说明了如何折叠一张纸，剪一刀，得出字母表中任何一个字母、各种类型的星星以及圈内有十字架的复杂图案，甚至还有星中有星等复杂的样式。美国魔术师熟悉一种不寻常的单剪技巧，称为双色剪纸。取一张正方形的纸，涂上红色和黑色，使它看起来像一张8×8的棋盘。用某种方式折叠起来，然后剪一刀。红色方格与黑色方格分开，同时形成两个正方形。利用一张半透明薄纸(能透过几张纸看到轮廓)，为上述剪纸设计出一个方法并不难，剪一刀就剪出简单的几何图形也不难，难的是更复杂的设计——纳粹党所用的记号——就是目前的难题。

图5.7展示的是一个来源未知的古老剪纸绝技。这要从一个故事讲起，它涉及两位同时代的政治领导人，一位受人钦佩，另一位遭人憎恨。两人死后都要上天堂。到了天堂的大门口，那个坏家伙自然缺少准入凭证，于是他站在好人身后寻求帮助。那位好人开始折叠一张纸，过程如a、b、c、d和e所示，然后他沿着虚线指示将其剪断，他自己保留了右边的一部分，把左边的给了坏家伙。圣彼得打开坏家伙手上的纸片，把这些纸片拼成了“地狱”(HELL)字样，如图左下角所示，于是把坏家伙送进了地狱。当圣彼得打开好人手上的那张纸时，他发现是一个十字架的图案，如图右下角所示。

很显然，用这种方法将一张平坦的纸折叠起来，直线剪切，产生弯曲图形是不可能的。但如果将一张纸卷成一个圆锥形，那么根据剪切角度的不同，会显示出圆、椭圆、抛物线或双曲线等形状。这些都是希腊人研究过的圆锥截面。不过人们很少知道，将一张纸包在一根圆柱形的蜡烛上(多层)，然后穿过纸和蜡烛对角剪开，就产生了正弦曲线。把纸展开，每半张纸的边缘都呈一条正弦曲线，它是物理学的基本波形之一。这种剪纸技巧对于家

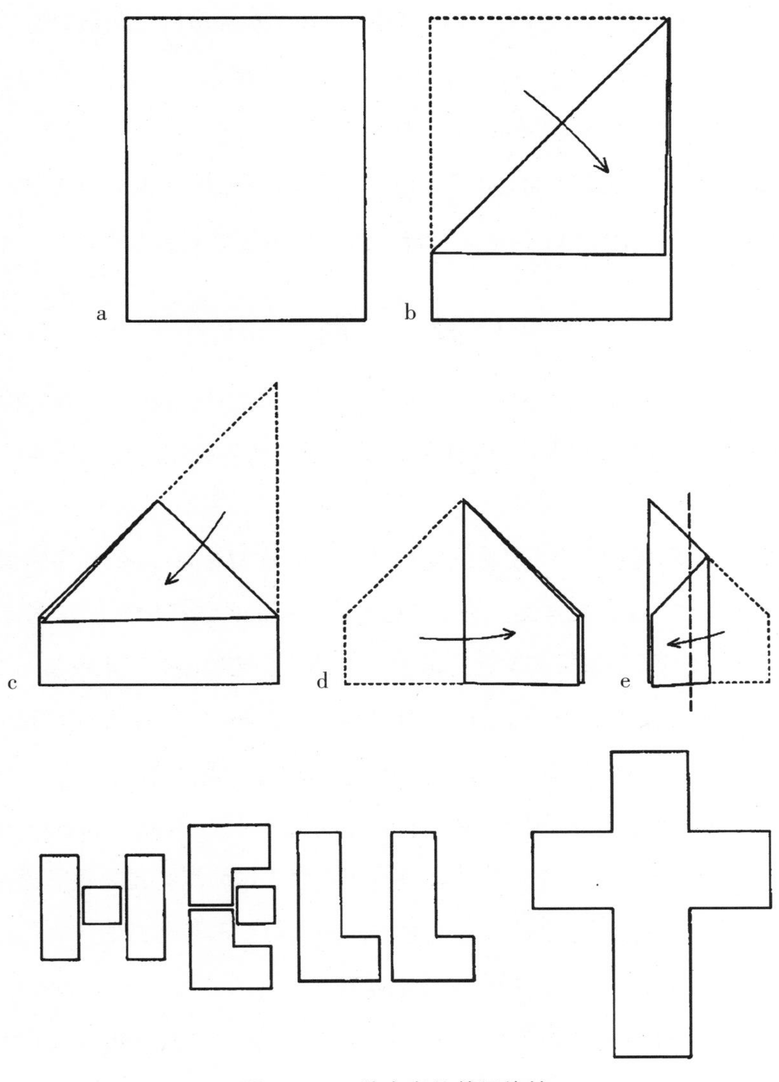


图5.7　一种古老的剪纸绝技

庭主妇来说很有用,尤其当她想把一叠纸的边缘剪成波浪形用于装饰时。

下面是两个吸引人的剪纸难题,都与立方体有关。第一个较容易,第二个则较难。

1. 折一个6条边都为1英寸的立方体，所需一英寸宽的纸条最短要多长？

2. 一张边长为3英寸的正方形纸，一面为黑色，另一面为白色，将此正方形分成9个边长为1英寸的小正方形。

只沿着规定的线剪切，能否折成一个外侧面都是黑色的立方体模型？该模型必须是一个整体，不允许沿着小正方形边线剪切或折叠。

## 补 遗

当然，所有传统几何都证明，图5.2中不同类型的五角星的角度之和都是180度。如果读者想看看滑动火柴的证明过程多么简单和明显，动动手，你会享受这个过程。

1873年，佩里加尔在《数学信使》(*Messenger of Mathematics*)新系列第2卷的103—106页上，首次发表了他的毕达哥拉斯剪纸。至于佩里加尔的传记资料，请见伦敦英国皇家天文学会月报上有关他的讣告(1899年第59卷第226—228页)。佩里加尔的一些小册子，德·摩根[①]在其著名的《悖论的财政预算》(*Budget of Paradoxes*)中进行了探讨(1954年由多佛出版社重印)。

优雅的六角星形变为正方形的剪切是由埃斯科特(Edward Brind Escott)发现的，他是一家保险公司的精算师，1946年去世。埃斯科特是一名数理专家，经常给不同的数学期刊投稿。杜德尼将他的六角星形剪切方法作为《现代谜题》(*Modern Puzzles*, 1926)中第109题的解答。

更多有关林德格列的非凡剪纸作品，请见《科学美国人》1961年11月的数学游戏专栏以及林德格列的剪纸书。

① 德·摩根(Augustus De Morgan，1806—1871)，英国数学家、逻辑学家。他明确阐述了摩根定律，将数学归纳法的概念严格化。为了纪念他，月球上的一座环形山被命名为德·摩根环形山。——译者注

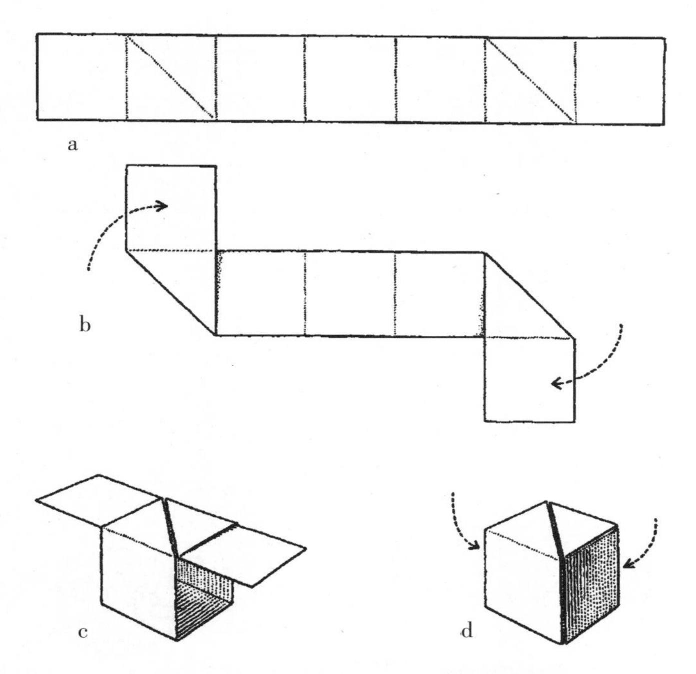


图5.8　用1英寸宽、7英寸长的纸，如何折叠出边长1英寸的立方体

## 答　案

用1英寸宽的纸条折叠成一个边长为1英寸的立方体，纸条最短需7英寸长，折叠方法如图5.8所示。如果这条纸一面是黑色，那么折叠成一个外侧面全黑色的立方体，纸条必须有8英寸长。

一张边长为3英寸的正方形薄纸，一面为黑色，将其剪切并折叠成一个全黑色立方体可以有许多方法。要拼成这个立方体，至少需要8个正方形，多余的一个正方形可以处在任何位置。图5.9说明如何将一个缺失中心小正方形的纸折叠成黑色立方体。在所有的解决方法中,总共需剪切5条边。(若整张纸用于这个图案,剪切线的长度可以减小到4条边。)

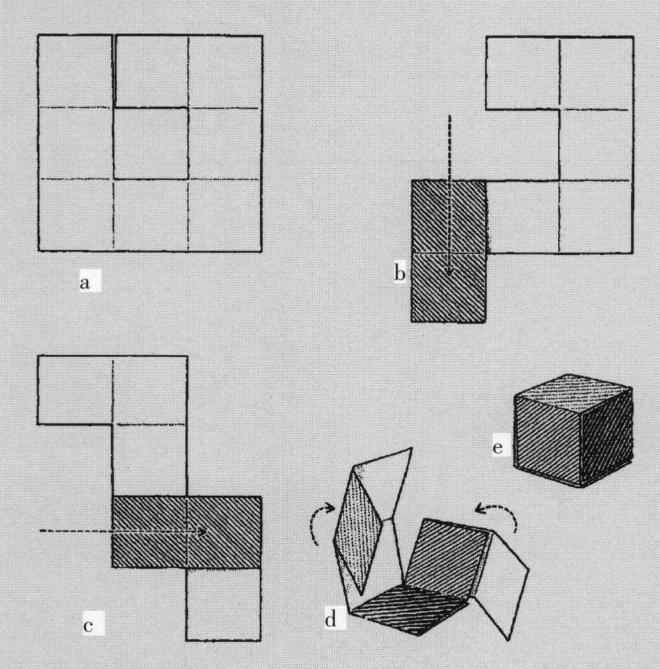


图5.9 用左上方的纸可以折叠成一个全黑色的立方体,这张纸的背面为黑色的

# 第6章
# 棋盘游戏

赫胥黎[①]曾经写道："游戏拥有艺术品的某些特质，它们的规则简单明了，就像模糊而无序混沌经验中顺序排列的岛屿一样。当我们玩着游戏，或看别人玩游戏，我们就从不可理解的现实世界进入到一个优雅的人造小世界，那里的一切都是那样清晰、有意义，并且易于理解。令人兴奋的竞争增加了游戏的内在魅力，而打赌和欣喜若狂则又增加了竞赛的刺激性。"

赫胥黎在此谈到的是游戏的一般功能，不过他的评论赋予数字棋盘游戏特别的力量。这种游戏的结果纯粹由思考来决定，不受物理学规律或骰子、卡片及其他随机手段的侥幸结果的影响。这类游戏像文明史一样悠久，像蝴蝶扇动的翅膀一样变化多端。玩这类游戏会花费极大的脑力，实际上，除了放松和提神之外，这类游戏在很长时间里没有什么其他的价值。今天，这种游戏突然在计算机理论方面变得重要了，受益于经验的玩棋机可能就是产生巨大威力的电脑的前身。

最早的有关数字棋盘游戏的记载是在古埃及艺术中发现的，但它们传

① 赫胥黎(Aldous Huxley，1894—1963)，英格兰作家，著名的赫胥黎家族最杰出的成员之一。20世纪40年代移居美国加利福尼亚。他以小说和大量散文作品闻名于世，也发表短篇小说、游记、电影故事和剧本。社会讽刺小说《旋律的配合》(*Point Counter Point*, 1928)和"反乌托邦"幻想小说《美丽新世界》(*Brave New World*, 1932)是他最著名的代表作。他的小说注重阐述思想观念甚于塑造艺术形象，常被称作"观念小说"。——译者注

递出的信息很少,因为古埃及表现场景一般采用侧面像(图6.1)。在埃及坟墓中也发现了一些有关棋盘的游戏(图6.2)。但严格来讲它们都不是纯粹的棋盘游戏,因为它们还涉及偶然因素。有关希腊和罗马的棋盘游戏人们知道的更多一点,但直到公元13世纪,人们才认识到记载棋盘游戏规则的重要性。17世纪出现了第一批有关这种游戏的图书。

图6.1 出自埃及萨卡拉(Sakkara)坟墓的浮雕,上有棋盘游戏侧面图。此浮雕可追溯到公元前2500年(大都会艺术博物馆,罗杰斯基金会,1908)

图6.2 古埃及的棋盘游戏塞尼特(senet),在公元前1400年的埃及墓中发现,还包括投掷棒。1901年由埃及探索基金会赠予大都会艺术博物馆

就像生物有机体一样，游戏也经历演变并产生新的种类。有几种简单游戏（譬如井字游戏）可能几个世纪都没变，有的游戏火一阵子，然后彻底消失了。突出例子是国际数棋，这是一种极其复杂的数字游戏，中古时代的欧洲人在一个双棋盘上玩这种游戏。一个棋盘有8个棋格，另一个有16个棋格，棋子有圆形、正方形和三角形。伯顿[①]在《忧郁的解剖》（*The Anatomy of Melancholy*）中指出，这个游戏至少可追溯到12世纪，最晚在17世纪成为当时英国流行的游戏。许多学术论文谈论了这种游戏，但当今除了为数不多的几名数学家和中世纪研究家，根本没人会玩这种游戏。

在美国，西洋棋和国际象棋是两种最流行的棋盘游戏，它们都具有悠久而迷人的历史，但因不同时间和地点，游戏规则也不断变化。当今，美国的西洋棋与英国的西洋跳棋相同，在其他国家差异则很大。波兰式西洋棋（实际上由法国人发明）目前在大部分欧洲国家占主导地位。这种游戏使用一个10×10的棋盘，双方各有20个棋子，可进可退，头戴王冠的棋子（称为后而不是王）与国际象棋中“象”的走棋方式相同，可以跳到任何一个空位，越过被棋子占位的格子。这种游戏在法国（后这时称夫人）和荷兰都很流行，而且有一大类分析文献以此为主题。在加拿大的法语区和印度部分地区，波兰式西洋棋使用12×12的棋盘。

德国式的女子比赛西洋棋类似波兰式，棋盘大小为英式的8×8。在俄罗斯流行的西洋棋有时称作小波兰式，也被称为俄罗斯跳棋。西班牙和意大利的西洋棋与英式接近。土耳其的西洋棋也是在8×8的棋盘上玩，但每方有16个棋子，开局时棋子摆放在第二和第三行。棋子可向前或向两侧移动、跳越，但不能走斜线。这与英式和波兰式西洋棋走法截然不同。

---

① 伯顿（Robert Burton，1577—1640年），英国作家、教士。出生在英国的莱斯特郡，就读于牛津大学。代表作《忧郁的解剖》极大地影响了英国文学的风格，为很多作家提供了创作的灵感和素材。在该书中，伯顿对忧郁症做了医学分类，分析了很多情绪混乱的症状。——译者注

同样，国际象棋的规则也发生了很大变化，这可追溯到16世纪一个未知的印度起源。当今的国际象棋已经标准化，但仍然有很多有趣的非欧洲式的棋子游戏与国际象棋起源相同。日本象棋——将棋(shogi)玩起来与现代日本的围棋一样尽兴，尽管西方国家只了解后者。将棋采用9×9的棋盘，双方各有20个棋子，布局在前三排上的起始位置上。与西方的国际象棋玩法一样，如果能将死等同王的那颗棋子，这盘棋就赢了。有趣的是被吃掉的棋子可以重新回到棋盘上，供吃掉该棋子的一方使用。

中国象棋赢棋的方式是将死类似于西方国际象棋中的王的棋子，它的下棋规则与日本象棋区别很大。中国象棋有32个棋子，放置在一个8×8棋盘的格子交叉点上，棋盘中间有一称作“河界”的空白区将双方分开。第三个变异是韩国象棋。它的棋盘与中式的基本一样，但棋盘中间没有专门的“河界”标志，因此看起来像一个8×8的西洋棋盘。棋子的数量、名称(除了王之外)以及起始位置都与中国象棋一样，但游戏规则和棋子的功能差别相当大。3种东方版象棋的热心家们都认为另外两种以及西方的国际象棋都不如自己的好。

巴勒斯[①]在他的小说《火星象棋手》(*The Chessmen of Mars*)的附录中说，火星式象棋是一种令人兴奋的游戏，在一个10×10的棋盘上安置不寻常的棋子，采用全新规则。例如公主(差不多相当于我们的王)具有优先权，每下一盘棋可允许“逃跑”一次，其方向和距离不限。

除了这些随地区变化的国际象棋玩法外，现代玩家一时间对这一传统游戏厌烦，于是发明了一种混合式的神秘游戏，称作仙棋。众多仙棋游戏

① 巴勒斯(Edgar Rice Burroughs，1875—1950)，美国作家，虽然在美国文学史上的地位不高，但是他的《人猿泰山》(*Tarzan of the Apes*)长篇系列小说却可称得上是经典之作。自问世以来，一直经久不衰，深受广大读者喜爱。除《人猿泰山》系列之外，还有《火星公主》(*A Princess of Mars*)等系列科幻小说。——译者注

中,能在标准棋盘上玩的有:两步象棋,即每个棋手轮到走棋时可走两次;一方无兵、或者由多余的一队兵代替后这种玩法的象棋;圆柱形象棋,其中棋盘左侧向棋盘右侧弯曲(如果棋盘形成一个半扭曲,则称为默比乌斯环象棋);运输象棋,任何一个棋子都可移动到车的上边,并由车将它携带到另一个棋格上。还出现了几十种奇怪的走法,譬如大臣,走法结合了车和马的移动方式;半人马走法结合了象和马的移动方式;甚至于中性棋子,例如蓝色后,可被双方使用。在帕吉特(Lewis Padgett)的科幻小说中,仙棋之战的获胜者是一名数学家。他非常爱好这种棋,惯于打破常规,为那些才华横溢且正统的同事求解对于后者来说太过怪异的方程。

有一种娱乐型仙棋尽管相当古老,但仍在严肃游戏的夹缝中为人们提供娱乐。其玩法如下:一名棋手按照通常方法将16个棋子放好,他的对手只有一个棋子,称作大君(maharajah)。大君可用棋子后代替,但走法把后和马的移动结合起来,开始时大君放置在任意空的棋格处,不会受到兵的威胁。然后对方走第一步。如果大君被捉,那么这一方就输了;若大君将死了对方的王,他就赢了。如果兵前进到最后一行,不允许变为后或其他棋子。若无此条件,打败大君就易如反掌:只要尽力让车和兵前进到底线转变成后。加上其他的兵都被保护起来了,大君没办法同时阻止两个兵成为后。有3个后和两个车,这场游戏就很容易赢。

即使有这个前提条件,人们仍然认为大君赢的机会很小,但他拥有强大的移动能力,如果他敏捷且侵略性地快速移动,在游戏早期他就可以将对方将死。有时候他能横扫棋盘吃光对方棋子,把孤独无助的王逼到走投无路而将其吃掉。

人们发明了数百种可以在标准棋盘上玩的游戏,但与国际象棋及西洋棋都没有共同之处。我认为其中最好玩的一个游戏是被人们遗忘的翻转棋游戏。翻转棋有64颗棋子(包括棋盘中央的4个),每颗棋子正反面的颜色不同,如一面白、一面黑。将一张硬纸板的一面涂上颜色,然后剪成一个个小圆圈,就做成了一套简易的棋子。购买不太贵的西洋棋或扑克,将它们做成一面白、一面黑的棋子,也是一套较好的游戏设备。虽然有点麻烦,但是值得的,玩这种游戏会让全家每个人都兴奋起来。

玩翻转棋游戏在一个空棋盘上开始,双方棋手各执32颗棋子。一方棋手的32颗棋子白的一面朝上;另一方棋手的32颗棋子黑的一面朝上。棋手按照如下规则交替下棋:

1. 开局时,在棋盘正中的方格内摆好4枚棋子,黑白各2枚,交叉放置。执黑棋的一方先落子,然后双方交替下子,棋子落在方格内。经验证明,第一位棋手要把他的第二个棋子放在第一个棋子的上面、下面、或者旁边(见图6.3中的例子),而不要放在对角线上。不过这也不是绝对的。利用同样的道理,第二位棋手明智的下法是在对手棋子的横、竖方向的空格上落子,而不要在其斜方向上落子。新手尤其要注意这一点,这样会给对手走下一步棋时制造困难。对于优秀棋手来说,游戏永远从图6.3所示的样式开始。

2. 在棋盘正中的4个方格填满棋子之后,双方按照黑先白后规则交替下子。每枚棋子一定要放置在对方棋子附近,与其相互垂直或成对角线,而且与自己的同色棋子在一条直线上。两头都是自己的棋子,中间位置上有一枚或多枚对手的棋子(不能有空格)。换言之,棋这样下:对方棋子的两侧是自己的棋,或者两头是自己的棋,中间是一连串对手的棋子,这样这些对方的棋子就被认为抓住,不能再动了。然后这些被夹在中间的对方棋子全部翻个面(称为翻转),成为自己的棋子。也就说它们被“洗脑”了,加入到我们自己一方的行列。棋子数在整个游戏过程中保持固定,但有些可能会经历几次翻转。

3. 如果走一步棋能同时捉住对方一串以上的棋子,那么这些棋子可以

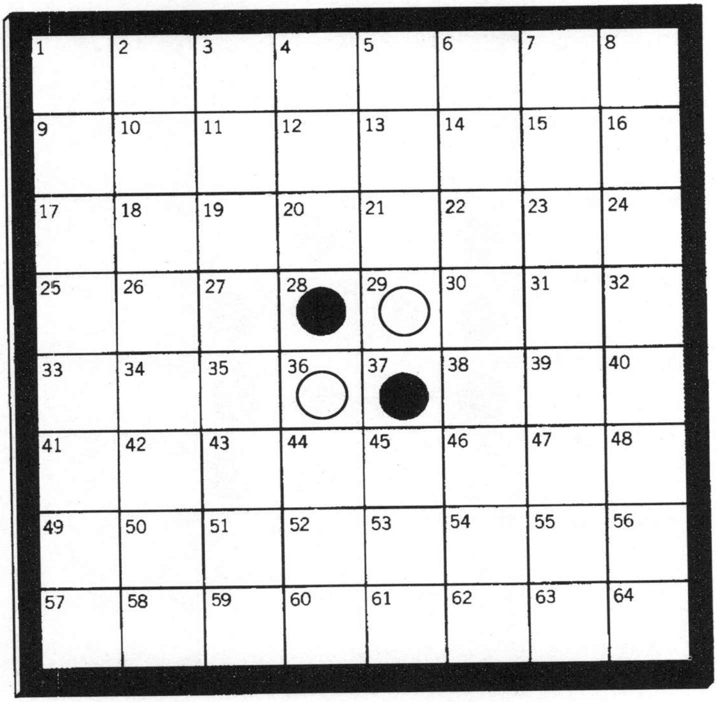

| 1 | 2 | 3 | 4 | 5 | 6 | 7 | 8 |
|---|---|---|---|---|---|---|---|
| 9 | 10 | 11 | 12 | 13 | 14 | 15 | 16 |
| 17 | 18 | 19 | 20 | 21 | 22 | 23 | 24 |
| 25 | 26 | 27 | 28 | 29 | 30 | 31 | 32 |
| 33 | 34 | 35 | 36 | 37 | 38 | 39 | 40 |
| 41 | 42 | 43 | 44 | 45 | 46 | 47 | 48 |
| 49 | 50 | 51 | 52 | 53 | 54 | 55 | 56 |
| 57 | 58 | 59 | 60 | 61 | 62 | 63 | 64 |

图6.3　　翻转棋游戏开局,这里的数字仅作参考

都翻个面。

4. 只有在对方走了一个棋子后,你才能捉对方棋子。由于其他原因对方的棋位于棋盘的角落两侧,则不能被翻转。

5. 若棋手走不了棋时,他就失去了走棋的机会。只有在合法机会再次出现时他才能再次走棋。

6. 当棋盘上64个棋格全部填满了棋子时,或者双方棋手都无子可走时(或因为再走不合法,或因为对方没有棋子了),游戏结束,拥有棋盘上较多棋子的一方赢。

上述两个例子可以清晰说明这种棋的规则:图6.3中黑方只要在空格

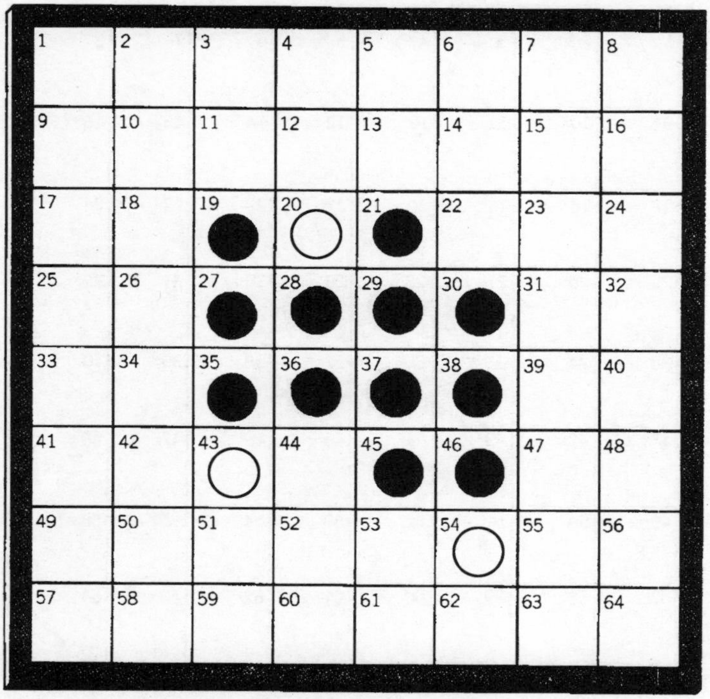

图6.4 倘若执白色棋子的棋手走下一步,他就能赢6个棋子

43、44、45、46上落子,每种情况下他都可以捕获并翻转一个棋子。图6.4中,如果白方在空格22上落子,他就可强迫翻转6个棋子,即21、29、36、30、38和46。结果原先盘面上大部分为黑色棋子,骤然间变成大部分为白色棋子了,戏剧性的翻转是这种翻转棋的特点,游戏玩到最后几步才能决定谁胜谁负,谁玩得好。

手里剩下最后几个棋子的棋手往往具有较大的位置优势。

对于初学者的一些提示:若可能,尽量尽早占据中间16个空格,尤其是空格19、22、43和46。第一个被逼出这个区域的棋手通常处境不利。中央16个空格之外,另外要占据的有价值的空格是棋盘的角落处,因此,在空格10、15、50或55上落子是不明智的,因为这会给你的对手提供占据角落空格的机会。除了角落外，最令人想要的空位是3、6、17、24、41、48、59和62，小心不要给你的对手提供占据这些空格的机会。玩的时间长了，新手自然会培养出更好的技能。

分析翻转棋思路的出版物很少见。即使在4×4这样的小棋盘，也很难说哪个棋手占有优势。这里有一个一些读者可能会喜欢的问题：一名棋手最多10步就把棋盘上对方的棋子全都吃掉取胜了，这可能吗？

有两个英国人——沃特曼（Lewis Waterman）和莫利特（John W. Mollett）都声称自己是翻转棋的唯一发明者，互称对方是骗子。在19世纪80年代后期，翻转棋游戏在英国特别流行，大量竞争性的游戏手册及游戏设备制造公司由他们两人授权。我们不关心谁发明了它，不过，翻转棋游戏将复杂排列和快乐而简单的游戏规则结合在一起，这个游戏不应该被人遗忘。

## 补　遗

大君游戏中[在贝尔（R. C. Bell）的著作《桌游》（*Board and Table Games*）中发现]，拥有传统棋艺的棋手考虑周详的话，总能取胜。布卢（Richard A. Blue）、基恩（Dennis A. Keen）、奈特（William Knight）和华莱士·史密斯（Wallace Smith）都研究过大君自救的策略，但最有效的策略来自拉奇（William E. Rudge），那时他是耶鲁大学的物理生。如果拉奇的对策毫无差错——就像它看上去的那样，那么差不多大君在走25步之后才能被捉住。

除了可能的3步之外，这个对策与大君的棋步无关。错误的棋步如下：

1. P—QR4
2. P—QR5
3. P—QR6
4. P—QR7

5. P—K3

6. N—KR3

7. N—KR4

8. B—Q3

9. 城堡

10. Q—KR5

11. N—QB3

12. QN—Q5

13. R—QR6

14. P—QN4

此时大君被迫移动到它的第一或第二行。

15. P—KR3

只有当大君在它的KN2时才能走这步棋。这步棋迫使大君走对角线，允许下面的棋步。

16. B—QN2

17. R—QR1

18. R—K6

19. KR—QR6

20. R—K7

强迫大君撤退到它的第一行。

21. KR—K6

22. B—KN7

如果大君在他的KB1或KN1上，需要走这步棋。

23. P—QB3

如果大君在他的KN1上走这步棋。

24. Q—K8

再走一步棋，大君被抓住。

如果每组中步骤顺序不变，1–4步棋可与5–9步棋互换。如果大君被兵挡住，那么上述变换是必需的。15和22步棋是缓兵之计，只有当大君位于所示方格上时才需要。当大君受迫要移到后一侧时，才需要走23步棋。

有关翻转棋游戏的早期历史人们了解的并不多，似乎于1870年首次出现在伦敦，称为十字形棋盘上玩的“吞并游戏”。第二个版本使用标准的8×8西洋棋盘，称为“兼并——一种反转游戏”，到1888年改名为“翻转棋游戏”，一时成为英国的时尚，1888年春季，伦敦报纸刊登了有关此棋下法的文章，题目为“后”(The Queen)，后来又有精致版的称为“皇家翻转棋”，采用侧面颜色不一样的正方体，由伦敦的一家公司制作。皇家翻转棋游戏的描述和棋盘图片，请见霍夫曼(Hoffman)教授撰写的《桌游之书》(*The Book of Table Games*)第621—623页，由安吉洛·刘易斯(Angelo Lewis)出版社出版。

最近几年美国出现众多名字各异的源于霍夫曼教授之书的翻转棋游戏类图书。1938年，布拉德利(Milton Bradley)介绍了“变色龙”游戏，一种皇家翻转棋的变形游戏。大约在1960年，有一家公司出品称为“拉斯维加斯逆火”的翻转棋游戏。1965年，英国出现一种叫“退出”的翻转棋游戏，游戏在一个布满圆形小孔的棋盘上进行，每个小孔上都固定了一个盖子，翻转可使小孔变成红、蓝或白色(中色)，因此就不需要棋子了。

## 答 案

翻转棋棋手能在10步之内消灭对方所有棋子而获胜吗?答案是“能”。在《科学美国人》上的专栏里,我给出了我相信也许是步骤最少的翻转棋游戏走法(相当于国际象棋中第二步棋就被将死的局面),走第一步的棋手走到第八步时就获胜了。(我在一本古老的翻转棋游戏手册中发现了这个游戏。)但有两位读者发现了步骤更少的走法。牛津大学耶稣学院的佩里格林(D. H. Peregrine)提供了如下6步走法:

第一个棋手 28 36 38 54 34 20

第二个棋手 29 37 45 35 27

加利福尼亚州门洛帕克市的乔恩·彼得森(Jon Petersen)寄来的6步棋获胜技巧与D·H·佩里格林的稍有区别。

第一个棋手 36 37 21 39 35 53

第二个棋手 28 29 30 44 45

# 第7章
# 堆积球

有许多方法可以把大小相等的球堆积在一起,其中的一些方法具有某种迷人的娱乐特性。这种特性即使没有模型也能够理解,但如果你有30个或者更多的球,就会发现利用这些球能够帮助你更好地了解这些特性。乒乓球可能是最适合这一目的的球体,因为乒乓球的表面可以涂上胶水,粘在一起干燥后,模型非常结实。

首先做一个简单的二维空间内的尝试。如果把球排列成一个正方形(见图7.1右),所用球的数量必定是一个平方数;如果把球排列成一个三角形(见图7.1左),球的数量就是一个三角形数,这就是古人称之为"有形数"的最简单的例子。早期的数学家对有形数进行了深入研究,法国著名数学家帕斯卡(Blaise Pascal)对此曾撰写过一篇著名的论文。虽然今天很少有人关注这方

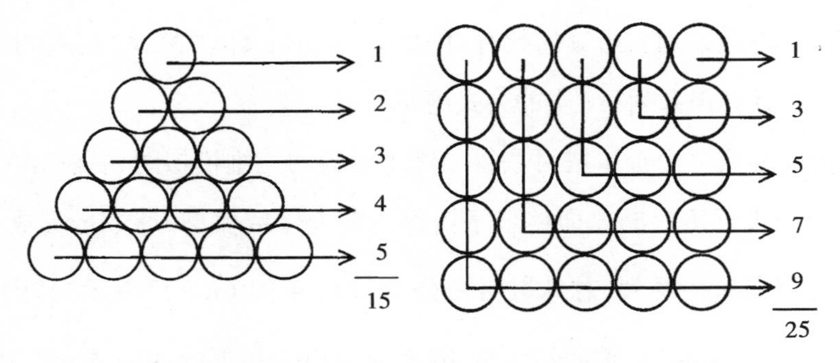


图7.1　三角形数(左)与正方形数(右)的基本模型

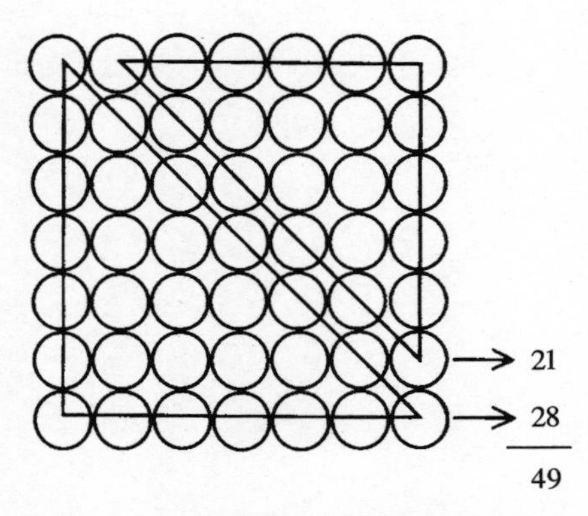


图7.2　正方形数和三角形数是相关的

面的研究，但不可否认，有形数在初等数论的很多方面仍能给出直观的启示。

例如，从图7.1左图可以看出，从1开始的任意连续正整数的总和就是一个三角形数。再看一下图7.1右图，从1开始任意连续正奇数的总和形成正方形数。图7.2一目了然，是著名的古代毕达哥拉斯学派的一个有趣定理：每个正方形数是两个连续的三角形数之和。用代数的方法证明这个定理非常简单，一个由$n$项正整数相加组成的三角形数为$1+2+3+\cdots+n$相加的和，可用公式$\frac{1}{2}n(n+1)$表示；而该三角形数之前的一个三角形数的计算公式为$\frac{1}{2}n(n-1)$。将这两个公式相加并简化，结果是$n^2$。存在同时是正方形数和三角形数的数吗？有，而且有无穷多个。最小的是36(不包括1，1属于任何有形数系列)，后续的数有：1225，41 616，1 413 721，48 024 900，…，要推导出计算该系列第$n$个的公式绝非易事。

用球堆成一个金字塔可获得二维平面数的三维模拟图。底座和3个侧面都为等边三角形的三面体金字塔称为四面体数模型，球数量形成1，4，10，20，35，56，…系列，总球数可由公式$\frac{1}{6}n(n+1)(n+2)$表示，其中$n$是底边的球数。堆成底座为正方形、侧面为等边三角形的四面体金字塔(即正八面体的一半)的球数量形成 1,5,14,30,55,91,…系列,总球数由公式 $\frac{1}{6}n(n+1)(2n+1)$表示。正如一个正方形可由一条直线将其分成两个相邻的三角形,一个正方形金字塔也可由一个平面将其分成两个相邻的三面体金字塔。(如果要构建一个金字塔形模型,为避免其底层的球滚动移位,可在其底边放上直尺或者木条固定。)

许多古老的谜题揭示了这两种锥形体数的属性。例如,古代用炮弹堆建一座法院门前的纪念碑,底座一层至少需要用多少枚炮弹,才能堆积成一个正方形底座的金字塔呢?令人惊奇的答案是需要4900枚炮弹,这是唯一的答案(要证明这一答案正确与否非常困难,直到1918年才有人给出正确的解决方案)。再举另外一个例子,一名食品店老板把橘子摆成两个四面体金字塔,然后把两个金字塔的橘子混在一起摆成一个大的四面体金字塔,最少需要多少个橘子呢?如果这两座金字塔大小尺寸一样,唯一的答案是20。如果金字塔的大小尺寸不一样,又需要多少个橘子呢?

现在想象有一个非常大的箱子(假设是一个装钢琴的箱子),我们想在这个箱子里面装尽可能多的高尔夫球,应该采取哪种堆积方法呢?首先,第一层采用层叠方法,如图7.3中圈内布满浅灰色阴影的球所示;第二层在交替的空隙中摆放,如带有黑圈的球所示。第三层有两种不同的摆放方法供选择:

1. 把每个球摆放在正对着第一层球的正上方空隙A处。如果继续采用这种方法摆放,可将每一层的球直接放在隔一层球的正上方,这样便可以获得一个被称之为“六边形紧密摆放结构”。

2. 把每个球摆放在正对着第一层球的正上方空隙B处。如果每一层都采用这种方法摆放,每一个球摆放在隔二层球的上方,这一结果被称之为“立方体紧密摆放结构”。正方形金字塔和四面体金字塔都采用这样类型的摆放结构,但在正方形金字塔中摆放的球平行于侧面,而不是底座。

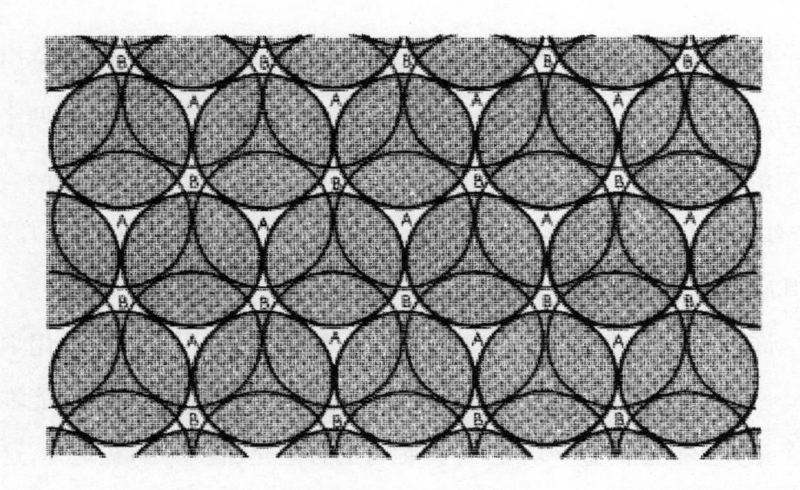


图7.3 在六边形紧密摆放中，球摆放在标记A的空隙处；在立方体紧密摆放中，球摆放在标记B的间隙处

在形成紧密堆积层时可以采取交叉的摆放形式，不管是六边形堆积到立方体堆积或者相反，都可以产生紧密排列的各种混合形式的紧密堆积结构。在所有的紧密堆积结构形式中——立方体、六边形和混合式，每个球都接触到围绕其周围的12个球，堆积的密度（球体总体积与所占的总空间之比）是 $\frac{\pi}{\sqrt{18}} \approx 0.740\,48$，接近于75%。

这是能获得的最大球堆积密度吗？至今没有更紧密的堆积方法为人所知。但在1958年，加拿大多伦多大学的几何学家考克斯特发表了一篇题为“密集堆积与泡沫的关系”（*On the Relation of Close-packing to Froth*）的文章，提出“密集堆积方法也许只是还没有发现”的惊人说法。的确如此，摆放的球不能超过12个，这样每个球才能都接触到中心球，但差不多可以增加到13个球。与球在一个平面内间距完全没有回旋余地的密集堆积相比，这里的12个球的间隙有较大的回旋余地，可能存在某种不规则的堆积方式，其密度可大于74%。迄今为止，还没有人能够证明存在更密集的堆积方法，以及12个球中每个球必须有12个点接触是必要的。基于考克斯特的推测，加拿大多伦多大学的乔治·D·斯科特(George D. Scott)最近做了一些相关实验,把大量的钢球倒进球形的瓶子里,随机堆积,然后对钢球进行称重,计算出密度。斯科特发现随机堆积的密度大约在59%—63%之间变化,因此可以这样认为,如果堆积密度大于74%,必须进行周密的图案结构设计。但遗憾的是,目前还没有人给出这种密集堆积的方法。

假设密集堆积就是最紧密的堆积,读者可能喜欢用这个棘手的小问题测试一下自己的堆积能力。一个长方形盒子的内边长为10英寸,深度为5英寸,钢球直径1英寸,在这个空间内最多可堆积多少个钢球呢?

如果在一个平面上密集堆放的球均匀地四散开来,直到球与球之间没有空隙,获得的结果就是大家熟悉的浴室地板的六边形瓷砖的形状,(这就是为什么六边形在自然界中最为常见的原因,比如蜜蜂的蜂巢、两个表面接触的泡沫、视网膜中的色素、某些硅藻表面等)。当密集堆积的球在一个密封的容器内均匀扩散或者承受未知的均匀压力时,又会发生什么状况呢?每个球变成了多面体,其表面正切于与其他球体的接触点。立方体密集堆积将每一个球变成了一个菱形十二面体(见图7.4上图),它的12个面都是大小一致的菱形。六面体紧密堆积将每一个球变成一个梯—菱形的十二面体(见图7.4下图),其中6个面为菱形,6个面为梯形,如果沿着灰色的平面将这个图切成两半,一半旋转60度后再拼合,则变成一个菱形十二面体。

1727年,英国著名的生理学家黑尔斯(Stephen Hales)在他的一本著作中讲到,他把一些新鲜的豌豆倒入锅中,然后对豌豆进行挤压,最后得到了“相当标准的十二面体”。后来著名的法国数学家和生物学家德·布冯(Comte de Buffon)也开展了同样的实验,因此此种实验被称为“布冯的豌豆”。大多数的生物学家毫无疑问地接受了这个观点,直到哥伦比亚大学的植物学家梅茨克(Edwin B. Matzke)再一次重复这个实验为止。由于豌豆大小和形

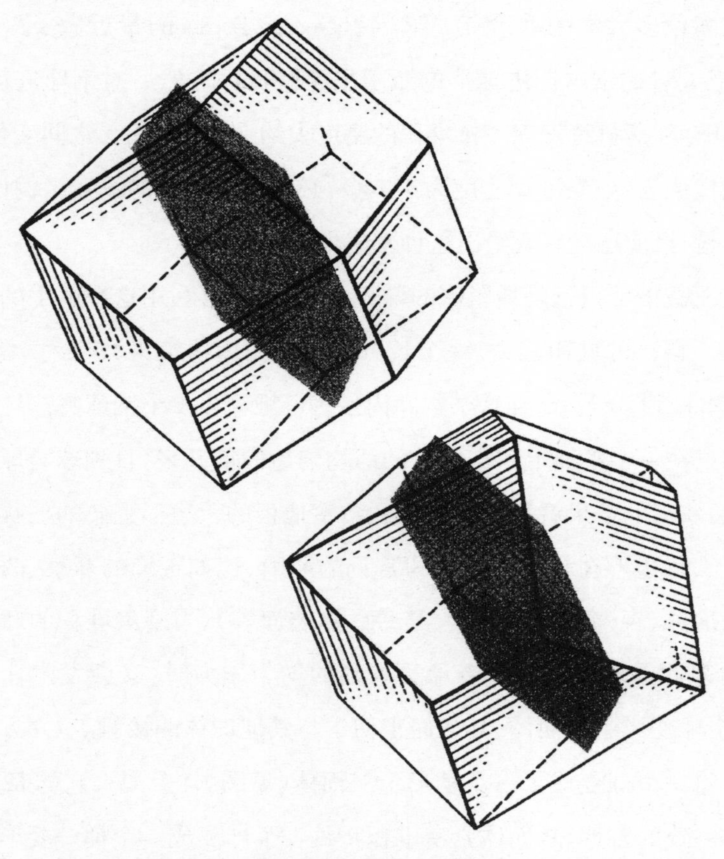

图7.4 堆积的球体扩散成12面体

状不一，当豌豆倒入一个容器后，其非均匀性和随机堆积将导致挤压后的豌豆形状太过随机而难于识别。梅茨克在1939年的实验报告中讲到，他在挤压铅丸时发现，如果铅丸为立方体密集堆积，则挤压后会形成菱形十二面体；但如果这些铅丸是随意堆放的，则挤压后以不规则的十四面体为主。他指出，这个结果将对研究有这种结构的泡沫、未分化组织中的活细胞产生重要影响。

最紧密堆积问题同时引出一个相反的问题：什么是最松散的堆积？也

就是说，什么样的刚性结构具有尽可能低的密度?对于刚性结构，每个球必须接触至少4个其他球，并且接触点都在同一个半球上或同一个大圆上。德国著名的数学家大卫·希尔伯特(David Hilbert)在1932年首次发表的《几何与想象力》(*Geometry and the Imagination*)论文中，给出了当时被认为是最松散的堆积，即密度为0.123的结构。然而，在接下来的一年，两位荷兰数学家海斯(Heinrich Heesch)和拉夫斯(Fritz Laves)发表了密度仅为0.0555的更为松散的密度堆积结构(见图7.5)。是否还有更松散的堆积结构是人们感兴趣的另一个问题，但这和最密集堆积问题一样，至今悬而未决。

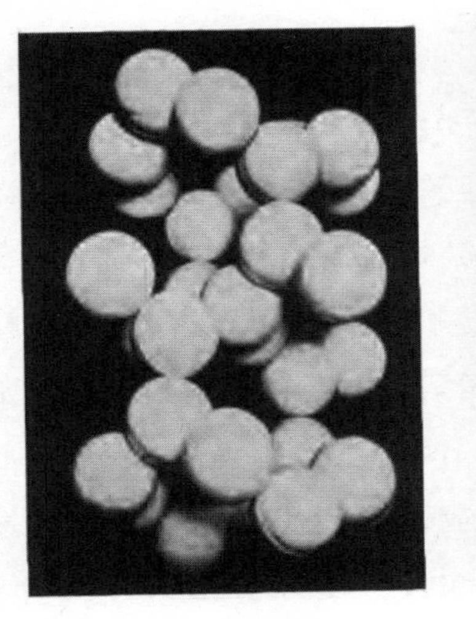
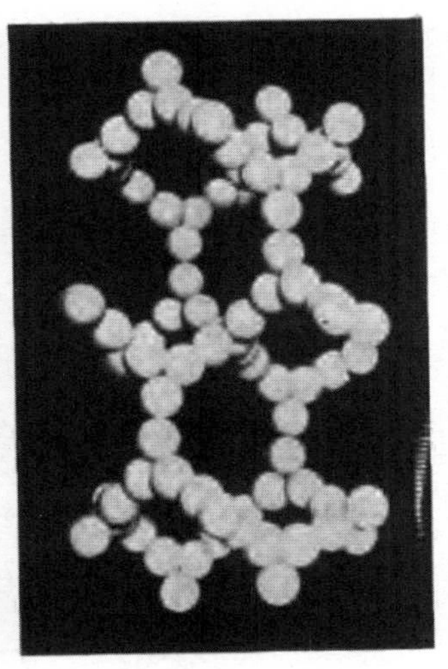

图7.5　海斯和拉夫斯松散堆积。左图展示了首次堆积的大球体，然后每一个球由3个较小的球代替，获得的堆积结构如右图所示，密度约为0.055

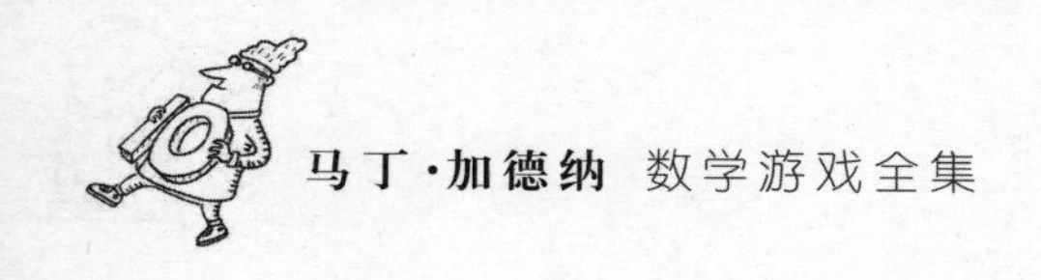


## 补　遗

英国著名数学家沃森(G. N. Watson)在1918年出版的《数学信使》新系列的48卷第1—22页中给出了唯一答案，即能够搭成一个方形和以此为底座的金字塔的球数为4900个。事实上，法国数学家欧内斯特(Henry Ernest)早在1875年就对此进行过推测。英国数学家杜德尼在《数学趣题》[①](*Amusements in Mathematics*, 1917)中对这个问题则给出了相同的答案。

就三角形数和正方形数人们已经发表了大量的文献。在1962年2月版《美国数学月刊》169页的“编者按”中，编者对问题E1473给出了重点说明，并给出了下列求解$n$阶平方三角形数的公式：

$$\frac{(17+12\sqrt{2})^n+(17-12\sqrt{2})^n-2}{32}$$

目前，在八维空间内，所有最密集且有规律的球堆积问题已得到解决(见《纯数学专题讨论会文集》(*Proceedings of Symposia in Pure Mathematics*，美国数学学会，1963年，第7卷，第53—71页)。在三维空间，球密集堆积的问题已由前面论述的有规律的密集堆积给出了答案，其密度大于74%。但是，正如美国优秀的数学家传记作家瑞德(Constance Reid)在《高等数学导论》(*Introduction to Higher Mathematics*, 1959年)中指出的那样，当考虑到九维空间时(这是前所未见的问题之一)，不可思议的变化在高维欧氏空间的几何结构中经常出现。迄今为止，还没有人给出在九维空间内如何有规律地密集堆积球的方法。

有多少个相同大小的球能够接触到另一个同样大小的球，这个问题在九维空间中面临转折点，1953年，斯库尔特(K. Schürtte)和范德瓦尔登(B. L. van der Waerden)在文章“13个球的问题”[Das Problem der dreizehn Kugeln，发表于

---

① 见上海科技教育出版社引进出版的《亨利·杜德尼的代数趣题》。——译者注

《数学年刊》(*Math. Ann.*)第125卷,第325—334页]中,首次给出了在三维空间中为12个球的答案。最近的证明见由里奇(John Leech)撰写的文章"13个球的问题",发表在《数学公报》上(*Mathematical Gazette*,40卷,第331期,第22—23页,1956年2月版)。相应的平面内这个问题显而易见的答案是6(不超过6个的硬币都可以碰到另外一个硬币)。如果我们把一条直线认作是一个退化的"球体",一维空间的答案是2。在四维空间,24个超级球能碰到第25个球这一事实也得到了证明;在五、六、七、八维空间内,能碰到一球的最多球数量分别为40、72、126和240个。但在九维空间,这一问题至今仍未解决。

## 答　案

组成两个大小不同的四面体金字塔并转换成一个较大四面体金字塔所需最少的橘子数为680个，这个组成大四面体的橘子数可以分成两个组成较小四面体的橘子数：120个和560个。组成3个金字塔底座边的橘子数分别为8、14和15。

可以用各种令人惊讶的方式在一个长10英寸、高5英寸的箱子里密集堆放直径为1英寸的钢球，每一种方法容纳的钢球数量都不同。用如下方法可堆积的钢球数最多为594个：打开箱子的侧面，先摆放第一层，5个钢球一排，然后4个钢球一排，再5个钢球一排，以此交替摆放。用这种方法摆放11排钢球是可能的（其中6排为5个钢球，5排为4个钢球），这一层共摆放了50个钢球，留出0.3英寸空间备用。第二层同为11排，4个球一排和5个球一排交替摆放，但这层摆放的第一排和最后一排都是4个球，所以这一层摆放的钢球数仅为49个（第二层最后一排4个球超出第一层球边缘0.28英寸多一点，因为不足0.3英寸，因此还有空隙）。具有总高度约9.98英寸的12层钢球可放在此箱里，50个钢球为一层和49个钢球为一层交替摆放，可堆积的钢球总数为594个。

# 第8章

# 超越数 π

π戴着面具，显然没有什么能引起它的注意，但它锐利的眼神透过面具，显得无情、寒冷和神秘。

——罗素

《显赫人士噩梦》

(*Nightmare of Eminent Person*)

由希腊字母π表示的圆的周长与直径之比突然出现在与圆无关的所有地方。英国数学家德·摩根曾这样描写π:“神秘的3.141 59…通过每扇门窗,穿过每家烟囱。”举一个例子说明,若从一组正整数中任取两个数,它们没有公约数的概率是多少?令人惊奇的答案是π的平方除6。π与圆相联系,然而,这也使之成为无限个超越数中最为人们熟知的一个数。

什么是超越数?超越数是不能作为有理代数方程的根的无理数。2的平方根是无理数,但它是“代数无理数”,因为它是方程$x^2=2$的根。π不能被表达为这样方程的根,只能被表达为某种无限过程的极限。π的十进制形式就像所有无理数的十进制形式一样,都是无尽的,而且非重复的。不存在一个分母和分子都为整数的分数能准确等于π,但是很奇怪的是又有许多简单分数接近π。最显著的例子是公元5世纪由中国著名天文学家祖冲之记载的分数,1000年之后才偶然被人们发现。有一种数学游戏法可以获得这个分数,先成对写出3个奇数:1,1,3,3,5,5,然后把后面3个数组成的三位数放到前面3个数组成的三位数上,形成分数355/113。很难相信根据这个分数算出的π的精确度达到小数点后6位。有一个根也接近π。古代时,10的平方根(3.162…)广泛当作π,但31的立方根(3.1413…)更接近π。(更多数学命理认为,31包括圆周率π的前两位数)。一个体积为31立方英寸的立方体,其边长与π之差不到千分之一英寸,而2 的平方根与3的平方根之和约为3.146,也是一个不差的近似值。

要找到π的准确值,早期的尝试与设法画出与特定的圆面积相等的正方形—(—“圆求方”经典问题—)—紧密相连。只用一根直尺和一个圆规,能构建出一个与特定的圆面积相等的正方形吗?如果π可以用一个有理分数表示,或者用一个一次方程或二次方程的根来表示,那么就有可能使用直尺和圆规来构建一条直线,其长度准确等于圆的周长,则“圆求方”的问题就会很快解决。我们只需构建一个矩形,一条边长等于圆的半径,另一条边长等于圆周的一半,该矩形的面积就等于那个圆的面积。把该矩形转换成同样面积的正方形,其程序很简单。相反,若圆可变成方,则应存在一个方法用以构建一条准确等于π的线段。然而,有可靠的证据表明,π是圆周率,圆周率的长度不能用圆规和直尺来构建。

π的近似构建方法有数百种,其中最精确的构建是基于前面谈到的祖

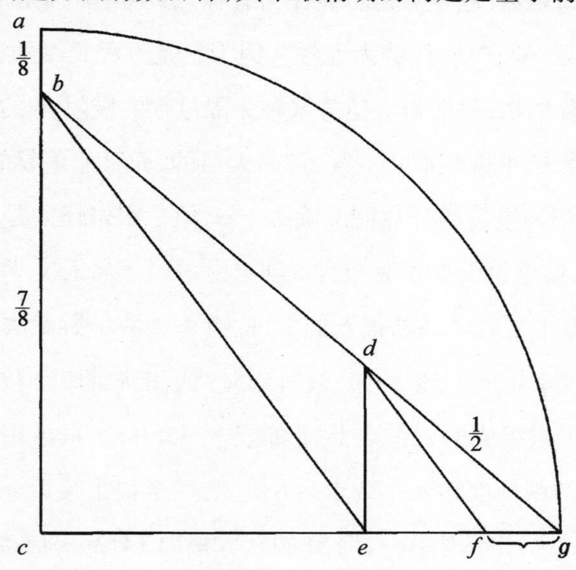


图8.1 构建一条直线,其长度与π之差小于0.000 000 3的示意图

冲之的分数。图8.1是一个单位半径的象限图，*bc* 长度是半径的7/8，*dg* 长度是半径的1/2，*de* 与 *ac* 平行，*df* 与 *be* 平行。很容易得出 *fg* 长度等于16/113或约0.141 592 9。

因为355/113=3+16/113，我们画一条长是半径3倍的线，然后把这条线作为 *fg* 的延长线，最后我们得到的这条线与π之差小于百万分之一。

众多的“圆求方”者都认为他们发现了π的准确值，但没有一个能在极度聪明与极度无知的结合上胜过英国哲学家霍布斯[①]。在霍布斯生活的那个时代，英国的学校不教数学，他40岁时才开始研究欧几里得。当他读到毕达哥拉斯定理——勾股定理时，先是感叹：“上帝，这不可能！”然后一头扎进这个定理进行研究并最终深信不疑。霍布斯后来一直以恋人般的热情研究几何学，他写道：“几何学里蕴藏着像葡萄酒一样的东西。”据说当他手头没有纸张时，他时常在大腿和床单上绘制几何图形。

如果霍布斯满足于做个业余数学家的话，他的晚年生活会更加平静安宁，但妄自尊大的他认为自己可以作出重大的数学发现。在1655年67岁时，他用拉丁文撰写并出版了一本书《论物体》(*De Corpore*)，内容包括“圆求方”的一个独特方法。该方法是一个完美的近似，但霍布斯认为准确无误。英国杰出的数学家和密码学家沃利斯[②]在一本小册子中，针对霍布斯《论物体》一书中哲学原理上的许多错误——尤其是数学上的错误——进

---

① 霍布斯(Thomas Hobbs，1588—1679)，英国政治家、哲学家。生于英国威尔特郡一牧师家庭，早年就学于牛津大学。他创立了机械唯物主义的完整体系，认为宇宙是所有机械地运动着的广延物体的总和。他提出“自然状态”和国家起源说，认为国家是人们为了遵守“自然法”而订立契约所形成的，反对君权神授，主张君主专制。——译者注

② 沃利斯(John Wallis，1616—1703)，英国数学家，对现代微积分的发展作出了重要贡献。他奠定了幂的表示法，并将指数的定义从正整数扩展至有理数，发现沃利斯乘积公式(关于圆周率的公式)，代表著作有《圆锥曲线》(*De Sectionibus Conicis*)、《无穷算术》(*Arithmetica Infinitorum*)等。——译者注

行了批评，于是双方展开了一场最滑稽、最无益、长达四分之一世纪的论战，写文章互相讽刺、漫骂。沃利斯之所以坚持这么做，部分原因是为了个人消遣，但主要是为了让霍布斯表现出荒谬可笑，以至于后者能怀疑自己的宗教和政治看法。沃利斯厌恶霍布斯的一些观点。

霍布斯在1656年重新发行英文版本的《论物体》，作为对沃利斯首次攻击的回应。他在此书中添加了附录"给数学教授的六堂课……"（我将17世纪冗长的文章名省略了，相信读者会原谅我）。沃利斯回应说："霍布斯应进行纠正，他没按校规说他的课程是正确的。"霍布斯随后以"荒谬几何的标记、粗鲁的语言、苏格兰的教会政治、野蛮的沃利斯"作为反击。随后沃利斯以"霍布斯先生观点的毁灭"火力反击。在后来的几册书中（同时霍布斯在巴黎匿名发表了另一个古老的"倍立方"问题的荒唐解决方案），霍布斯写道："要么是我一个人疯了，要么他们（数学教授）全都失去了理智，没有第三种观点可被接受，除非所有人都认为我们都是疯子。"

"这不需要反驳，"沃利斯回答说，"如果他是疯了，他是不可能被理论说服的；另一方面，如果我们是疯子，我们不会尝试去做这件事。"

两人的论战虽然有过短暂的停火，但仍然一直持续到霍布斯91岁辞世时。霍布斯在晚年攻击沃利斯的一篇文章中写道："霍布斯先生从来不想激怒任何人（实际上在社会关系方面霍布斯特别胆怯）。不过当他被激怒时，你会发现他的笔和你的一样锋利。你所说的一切都是错误和阻碍，换句话说，是那臭气熏天的风，让一匹大腹便便的驽马飞起来太难了。我做过了，我现在考虑你，但今后没有第二次了……"

在这里细述霍布斯不寻常的"无能"不合适，沃利斯把霍布斯的无能说成"你就是教他，他也不懂"。霍布斯总共发表了12种"圆求方"的方法，图8.2所示是他的第一种方法，也是最佳方法之一。在一个单位正方形内，画弧$AC$和$BD$,这两条弧线是单位圆的四分之一圆弧。在$Q$处将弧$BF$平分,画线与正方形的一边平行并延伸,使$QS$等于$RQ$。连接$FS$并将其延伸,与正方形一边相交于$T$点。霍布斯断言,$BT$正确地等于$BF$弧,因为$BF$弧是单位圆周长的1/12,所以π是$BT$长度的6倍,于是就得出π的值为约3.1419。

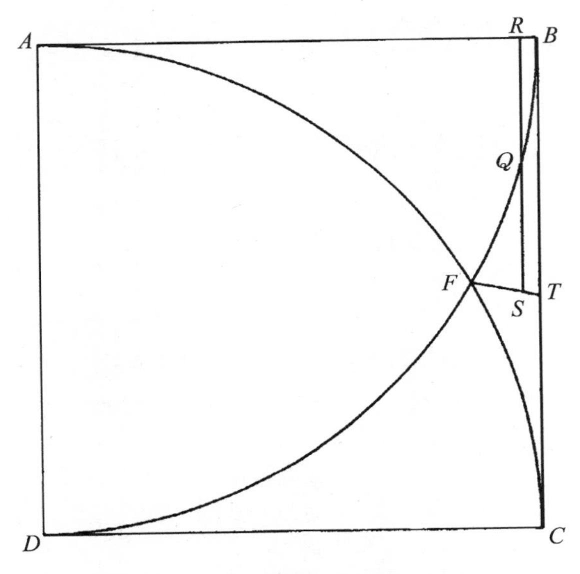


图8.2　霍布斯"圆求方"的第一种方法

哲学家霍布斯面临的主要困难之一是他不相信点、线和面可以抽象地看作是少于3个维度的形状。迪斯雷利(Isaac Disraeli)在他的《作者的争论》(*Quarrels of Authors*)中写道"他似乎已步入坟墓","尽管几何学家们证明了这一点,霍布斯仍坚信一个面既有深度又有厚度"。霍布斯的经历提供了这样一个经典案例:一位天才冒险进入了一个科学分支,事先毫无准备,从而把大量的精力浪费在了毫无意义的伪科学上。

尽管求与圆面积相等的正方形是不可能的,但由圆弧组成的图形能被"圆求方",这一事实在许多沉迷于"圆求方"者中引起了虚幻的希望。图8.4

Quadratura Circuli,
Cubatio Sphæræ,
Duplicatio Cubi,

Breviter demonſtrata.

Auct. THO. HOBBES.

LONDINI:
Excudebat J. C. Sumptibus Andrææ Crooke. 1669.

No. 67

图8.3 霍布斯“圆求方”著作之一的扉页，这里只涉及一种方法

是一个有趣的例子。

这个花瓶的下半部分是直径为10英寸圆的3/4圆周，上半部分由同样半径圆的3条弧线连起来组成。你能快速给出面积等于花瓶面积的那个正

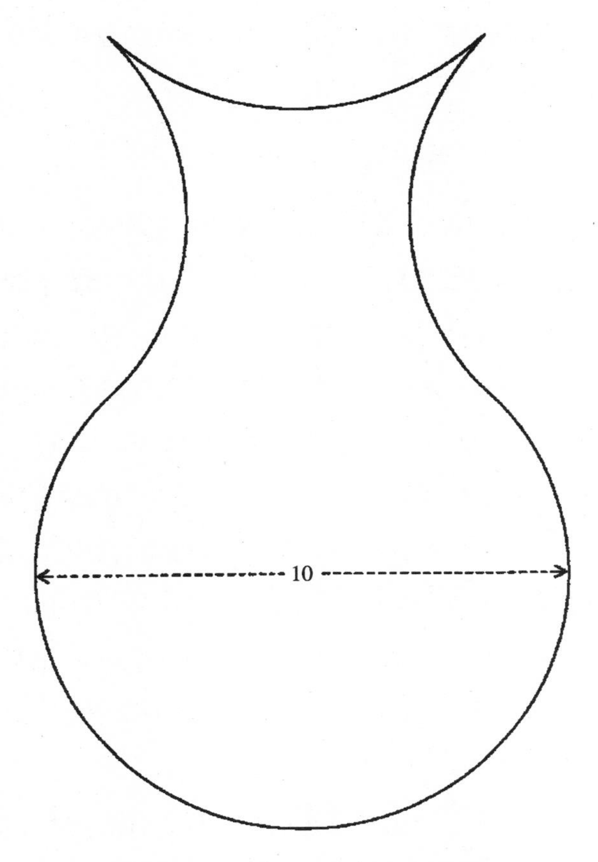


图8.4　此图包含多少个正方形

方形的边长吗?(精确到最后一位小数)。

"圆求方"者的孪生兄弟是一直计算π值的数学家。经过多年的手工计算,π的最小数已超过了所有前人的计算值。当然,使用任何收敛于π的无限表达式是可以做到的。沃利斯本人发现了最简单方法中的一种:

$$\pi = 2\left(\frac{2}{1}\times\frac{2}{3}\times\frac{4}{3}\times\frac{4}{5}\times\frac{6}{5}\times\frac{6}{7}\times\frac{8}{7}\times\frac{8}{9}\times\cdots\right)$$

式中分子皆为成对的有序偶数(注意前5项的分母与中国天文学家计

算出来的分数中的数正好一致)。几十年之后,德国哲学家莱布尼茨发现了另一个漂亮的公式:

$$\pi = 4\left(\frac{1}{1} - \frac{1}{3} + \frac{1}{5} - \frac{1}{7} + \frac{1}{9} - \cdots\right)$$

计算π值的人中最不知疲倦的是英国数学家威廉·尚克斯[1],经过20年的努力,他把π值计算到小数点后707位。遗憾的是,尚克斯在π的小数点后第528位上出了差错,所以后面的也都错了。1949年,数学家们使用了一台ENIAC电子计算机,把π值计算到小数点后2000位,仅用了70个机器小时。后来另一台计算机在13分钟内将π值计算到小数点后第3000位上。1959年,英国的一台计算机和法国的一台计算机将π值计算到小数点后第10 000位。

尚克斯的π的小数点后707个数字有些怪现象,其中之一就是这位数学家似乎怠慢了数字7。在前700个数字中,除7之外的每个数字出现约70次,而7仅出现51次。德·摩根写道:“如果圆弧测定数学家和天启学家集思广益,会对此现象作出判断,若思想统一得出这方面的成果,会赢得他们民族的感激。”

我赶紧补充说,应纠正π的值到正确的小数点后第700位,恢复丢失的7。数学直觉主义学派认为你不能声明说这是“对或错”,除非有一个大家公认的已知方法来证实或证伪。他们常用的例子是“在π中有3个连续的7”。现在这种说法应改为有5个连续的7。π的新数值显示,不仅可以预期一个数字连续出现3次,而且还可能会有若干个7777(和一个意想不到的999 999)。

到目前为止,π已经历了所有随机性统计试验。这令一些人不安,他们认为曲线就像圆一样简单而漂亮,圆周率本应该是各方面看起来不太凌乱的比值。但大多数数学家相信,将π值的小数位继续扩展下去,也不会找到

① 威廉·尚克斯(William Shanks,1812—1882),英国数学家。他以纸笔计算π值,一生发表了不少于4个圆周率值。——译者注

那样的模式或顺序。这些代表π的数字不是随机的,也不是加利福尼亚兰德公司公布的百万随机数,它们代表一个数,是一个整体。

π中的数字确实又是随机的。对此我们可以用一个悖论来说明,这有点类似于一个断言:如果有一群猴子长时间敲打打字机,它们最终会将莎士比亚的戏剧全部打出来。巴尔指出,如果对测量精度没有要求的话,构造两根没有任何标记的巴尔棒,就可以传达《大英百科全书》(*Encyclopaedia Britannica*)的所有内容。把一根棒作为一个单位,另一根与它的差值则为一个分数,用很长的小数表示。用这个小数将《大英百科全书》编码,其程序很简单:规定用一个数字(不包括零)对应于语言中的一个单词或标点,零用于分隔编码数。很显然,整个《大英百科全书》现在可以编码成一个简单但长度几乎不可想象的数。在此数的前面加一个小数点,再加上1,你就会知道第二根巴尔棒的长度。

π从哪里来?若π中的数字确实是随机的,那么在这个无限π中的某个地方,就包含有大英百科全书的片断。否则,就此而言,已经撰写好的任何一本书都要重写,或者可以重写。

## 补　遗

该章节刊登在《科学美国人》上一年之后,即1961年7月29日,位于纽约IBM数据中心的丹尼尔·尚克斯(Daniel Shanks)(与威廉·尚克斯无关,这仅仅是π的混乱历史中一次奇怪的数理巧合。)和小约翰·W·伦奇(John W. Wrench, Jr.)使用IBM7090系统,将π值计算到第100 265个小数位。运算时间是8小时零1分钟,然后他们又用了42分钟将二进制结果转换成十进制结果。现在将π计算到小数点后几千位是检测新计算机或培训新程序员常用的手段。菲利普·J·戴维斯(Philip J. Davis)在其著作《大数的学问》(*The Lore of*

*Large Numbers*)中的一章"神秘而神奇的π"(The mysterious and wonderful pi)中写道:"π化成了漱口水,帮助计算机清理喉咙。"

将π计算到小数点后百万位恐怕为期不远了。有名的数字命理学家马切克斯(Matrix)博士给我写了一封信,要求我把他预测的π值记录下来,即π的小数点后第一百万位上应是5。他的依据是第三部钦定版《圣经》中第十四章的第十六行诗句(提到数字7,第七个词有5个字母),并结合了与欧拉常数及超越数e有关的一些模糊计算值。

渥太华的格利杰姆(Norman Gridgeman)写文章指出,可以将巴尔棒减少到一根,上面有一条刻线,把这根棒分为两个长度,用其比值将《大英百科全书》如前面描述的方式进行编码。

## 答　案

读者给出的建议认为:求等于图8.5中所示的花瓶形状面积(周围弧线圆的直径也为10英寸)的正方形边长,答案是10英寸。假如我们勾画出不完全的正方形,如图所示,显然$A$、$B$、$C$部分会拟合到$A'$、$B'$、$C'$空间,形成总面积为100平方英寸的两个正方形。图8.6说明如何将花瓶切割成3部分,形成一个边长为10英寸的正方形,然后求其面积。

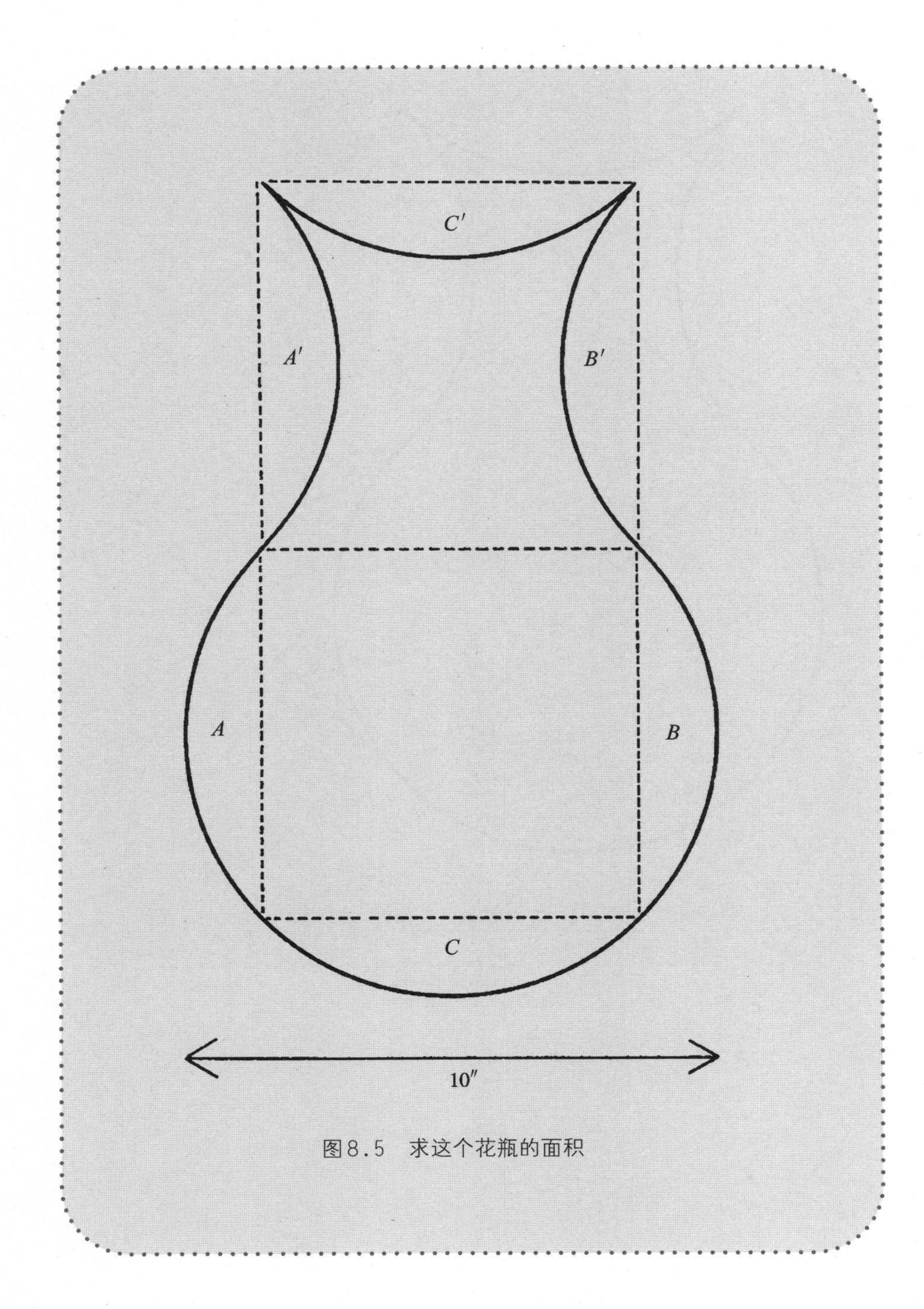


图8.5　求这个花瓶的面积

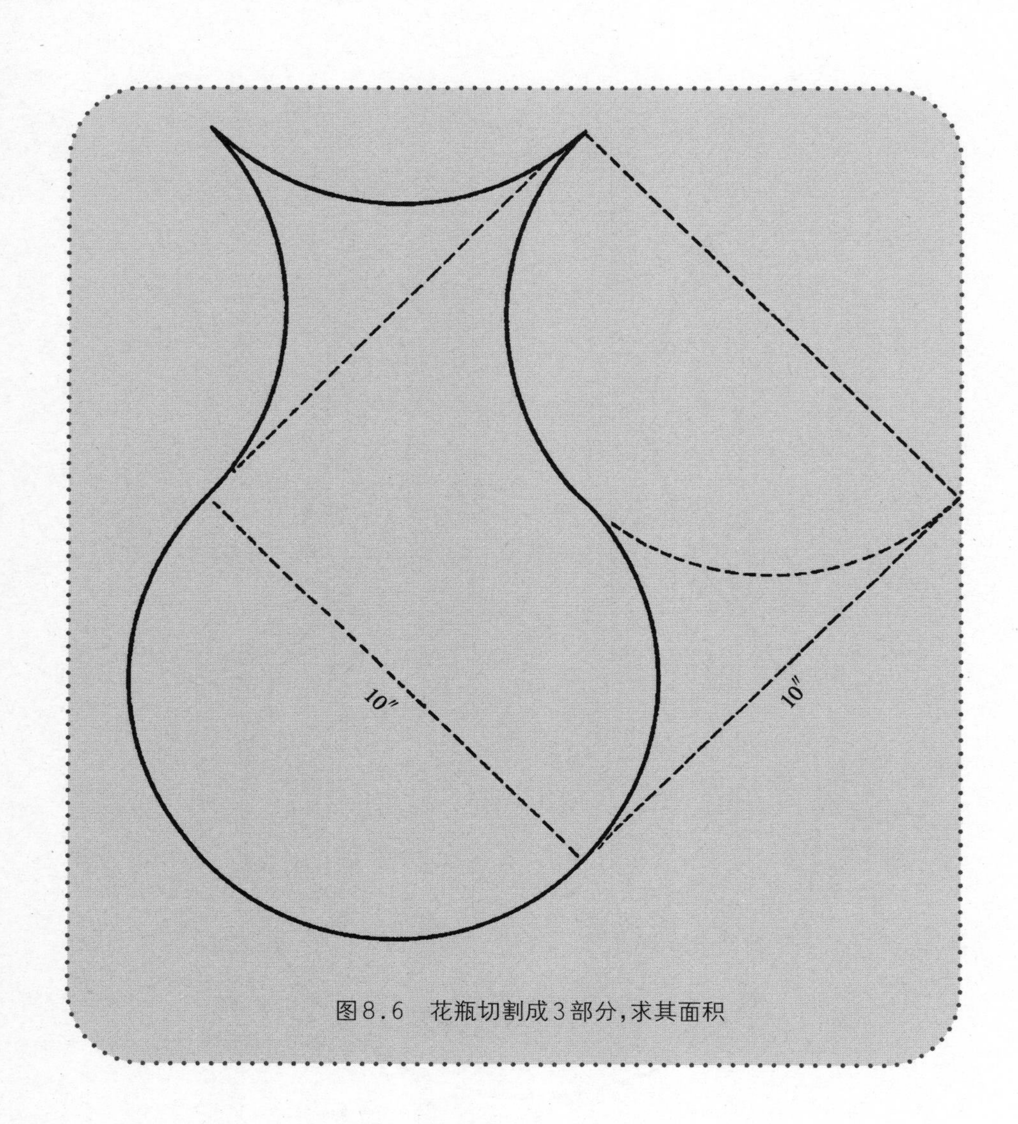


图8.6 花瓶切割成3部分,求其面积

第 4 章

# 艾根：数学魔术师

卢津(Luzhin)在学习纸牌魔术方面没有困难……他发现了一种神秘的娱乐，一种模糊而深不可测的喜悦，一种戏法以巧妙且准确的方式出现了……

——纳博科夫

《防守》

越来越多擅长数学的业余魔术师最近已经将他们的注意力转向“数学魔术”，即在很大程度上依赖数学原理的戏法。职业魔术师回避这些戏法，因为这太费脑筋，而且对于大多数观众来说又很枯燥，但如果作为客厅表演特技，体现谜题精神而不是魔术，它们则非常有趣而且引人入胜。我的朋友艾根(Victor Eigen)是一位电子工程师，曾担任美国魔杖持有者兄弟会的总裁，他想方设法发布这个神奇领域的最新进展情况。为了能挖掘出这方面的离奇材料，我拜访了他。

维克多打开前门，他大约五十五六岁，胖胖的，花白头发，眼睛周围布满了幽默的皱纹。“到厨房里坐，你介意吗?”他带着我走向公寓后面时问道，“我夫人在看电视，在节目结束之前我们最好不要打扰她。想喝点波旁威士忌吗?”

我们面对面坐在厨房的桌子边，然后为“数学魔术”碰杯。我问道：“有什么新发现吗?”

维克多立即从他的衬衫口袋里掏出一副扑克牌，“有关纸牌最新的事件是吉尔布雷思原理，这是由吉尔布雷斯(Norman Gilbreath)——一位年轻的加利福尼亚魔术师提出的一个异想天开的定理。”他一边说着，一边用手指灵巧地将那副纸牌进行黑红色交替排列，“听我说，我敢肯定，作为一种随机分组的方法，快速洗牌法很明显效率很低。”

“我没意识到。”

维克多的眉毛往上一挑,说道:“我应该说服你,请彻底洗牌。”

我把这副牌切成两部分,然后洗到一起。

“注意牌的表面,”他说,“你会看到颜色交替排列的序列已经彻底破坏了。”

“当然啦。”

“现在再切一次牌,”他继续说,“但切在同一颜色的两张牌中间,再摆正成一摞,面朝下递给我。”

我按照他的要求做了,他在桌子底下手拿着那副牌,双方都看不到。“我将凭触觉来区分纸牌的颜色,”他说,“并把纸牌黑红色成对地抽出来。”果真,他在桌子上翻过来的第一对牌是一张红色一张黑色的。第二对牌也一样,他整成了十几对这样的牌。

“但如何……?”

维克多大笑着打断了我的疑问,他把剩下的牌甩在桌子上,从顶部开始检牌,一次捡两张,将它们翻过来面朝上放在桌上。每对牌都是一张红色和一张黑色。“不能太简单了,”他讲解说,“记住,洗牌并切牌——一定要在同样颜色的两张牌之间切牌,于是就破坏了红黑牌的交替性,但是剩下的牌仍然严格有序,每对牌仍然包含红黑两种颜色。”

“我简直不能相信这一事实!”

“好好思考一下,你就会明白为什么是这样,但要用几句话说明一个定理不是一件容易的事。顺便说一下,我有位在美国贝尔电话实验室工作的朋友,埃德加·N·吉尔伯特(Edgar N. Gilbert),在最近一篇还未发表的关于洗牌和信息理论的文章中,涉及一个有趣的游戏,其思路与我的游戏雷同,我为你把它记下来了。”

他递给我一张纸，上面印着：

T L V E H E D I N S A G M E L R L I E N A T G O V R A R

G I A N E S T Y O F O F I F F O S H H R A V E M E V S O

“这是一个打乱了的句子，”他说，“来自5年前《科学美国人》上的一篇文章。吉尔伯特把每一个字母写在一张卡片上，然后理好这副“牌”，从上往下就拼成这个句子。他把纸牌切成两堆、洗牌，然后把新句子写下来。他告诉我，平均每人大约需要半小时去还原它们。一次快速洗牌没有很严重地破坏卡片的原始顺序信息，但英文中字母不同组合的可能性非常之高。这非常不现实——实际上，吉尔伯特在论文里对准确性的概率进行了计算——最后找出的信息与正确的信息不同。”

我往酒杯中投了几个冰块。

维克多说：“在我们续杯之前，让我给你演示一个预知的巧妙实验，我需要用到你的酒杯和9张扑克牌。”他把上面有1—9数字的9张牌在桌子上摊开，形成一个3×3的矩形图（见图9.1），除了中心的黑桃5之外，其他几张牌都是红桃。他从口袋里掏出一个信封，把它放在矩形图的旁边。

他说，“你把酒杯放在9张扑克牌中的任意一张上面，但是，我先解释一下，在这个信封里有一张卡片，我在上面草草记下了一些指令，该指令基于我猜测你将要选择的那张牌，记录你将如何随机移动酒杯从一张牌到另一张牌。若我的猜测是正确的，你的酒杯将在中心处的那张牌上停下来。”他在黑桃5上轻轻敲了敲他的手指，“现在把你的酒杯放到任意一张牌上，包括你希望的中心那张牌上。”

我把酒杯放在红桃2上。

他咯咯笑着说：“正好是我想到的。”他把指令卡片从信封里抽出来，拿给我看，上面写着：

图9.1 为表演一个预知实验而摆放的扑克牌和酒杯

1. 拿走红桃7；

2. 移动酒杯7次，然后拿走红桃8；

3. 移动酒杯4次，然后拿走红桃2；

4. 移动酒杯6次，然后拿走红桃4；

5. 移动酒杯5次，然后拿走红桃9；

6. 移动酒杯2次，然后拿走红桃3；

7. 移动酒杯1次，然后拿走红桃6；

8. 移动酒杯7次，然后拿走幺点牌——红桃A。

他解释说，“移动”包括把酒杯移到放着该酒杯牌的上面一张、下面一张或侧面邻近一张的牌上，但不能是对角线方向上的牌。我认真地按照他的指示去作，所有的移动我尽量做到是随机的。特别令我吃惊的是，酒杯从来没有停在让我移动的那张牌上，8张牌取走之后，正如维克多预料的那样，我们的酒杯停在黑桃5上。

“你完全把我迷惑了，”我承认，“假设我把酒杯最先放在红桃7上，第一张拿走的是哪张牌?”

“我必须承认，”他说，“这里包含了非数学的小花招。纸牌的矩形排列与游戏无关，这里的关键是纸牌的位置。那些奇数点(1、3、5、7、9)的牌——四个腰和中心——形成一组；那些偶数点(2、4、6、8)的牌形成相反的一组。当我看到你把酒杯放在奇数点组的一张牌上时，我给你看了那些指令。假如你把酒杯放在偶数点组的一张牌上，我会在取出指令卡片之前先把信封翻过来。”

他把指令卡片翻转过来，在它的后面是第二组指令：

1. 拿走红桃6;
2. 移动酒杯4次，然后拿走红桃2;
3. 移动酒杯7次，然后拿走红桃A;
4. 移动酒杯3次，然后拿走红桃4;
5. 移动酒杯1次，然后拿走红桃7;
6. 移动酒杯2次，然后拿走红桃9;
7. 移动酒杯5次，然后拿走红桃8;
8. 移动酒杯3次，然后拿走红桃3。

“你的意思是，这两套指令——一套用于我从偶数点纸牌开始，另一套用于从奇数点纸牌开始——永远引导酒杯移动到中心吗?”

维克多点点头，“为什么不把你知识范围内的这些指令卡双面指令打印出来，让读者明白为什么这些技巧会起作用呢?”

又斟满了酒，维克多说："相当多的超感知觉(ESP)型技巧利用的是奇偶校验原理。这里有个游戏，似乎需要异常的洞察力。"他递给我一张白纸和一支铅笔。"当我背转身后，你画一条复杂的闭合曲线，这条曲线穿过其自身至少10次，但在任何一点处不要超过一次(只能穿过一次)。"他把他的椅子转过去，面对着墙，然后我画了那条曲线(见图9.2)。

"用不同的字母标记每个交叉点。"他回过头来说。

我按照他的要求做了。

"现在把你的铅笔放在这条曲线的任何一点上，并沿着这条曲线移动，每到一个交叉点时，大声说出那个字母，这样一直到走完这条曲线。但在前进道路上的某一点处——无论何处都可以——你交换两个字母后说出它，这两个字母必须是路径上相邻的，而且你交换两个字母时不必告诉我。"

我从$N$点开始，移动到$P$，继续沿着曲线移动，当我来到字母旁边时，说出字母的名称。我看到维克多把它们记录在一张便笺纸上。当我第二次到达$B$时，我看到$B$的后面是字母$F$，我大声说出$FB$，我交换了这两个字母的顺序。当这样做时，说出字母的声音与以前没有变化，所以维克多应该没有发现字母已经交换了。

我刚做完他就说："你交换了$B$和$F$。"

"简直太神奇了！"我说，"你怎么知道的？"

维克多咯咯笑着，转过身来面对着我："这个游戏的诀窍基于'纽结理论'[①]中重要的拓扑定理。在拉特马赫(Hans Rademacher)与特普利茨(Otto

① 纽结理论(Knot Theory)是数学学科代数拓扑的一个分支，按照数学上的术语来说，是研究如何把若干个圆环嵌入到三维实欧氏空间中去的数学分支。纽结理论的特别之处是它研究的对象必须是三维空间中的曲线。在两维空间中，由于没有足够的维数，不可能让一根曲线自己和自己缠绕在一起打成结。而在四维或以上的空间中，由于维数多，无论怎么样的纽结都能够很方便地解开成没有结的曲线。——译者注

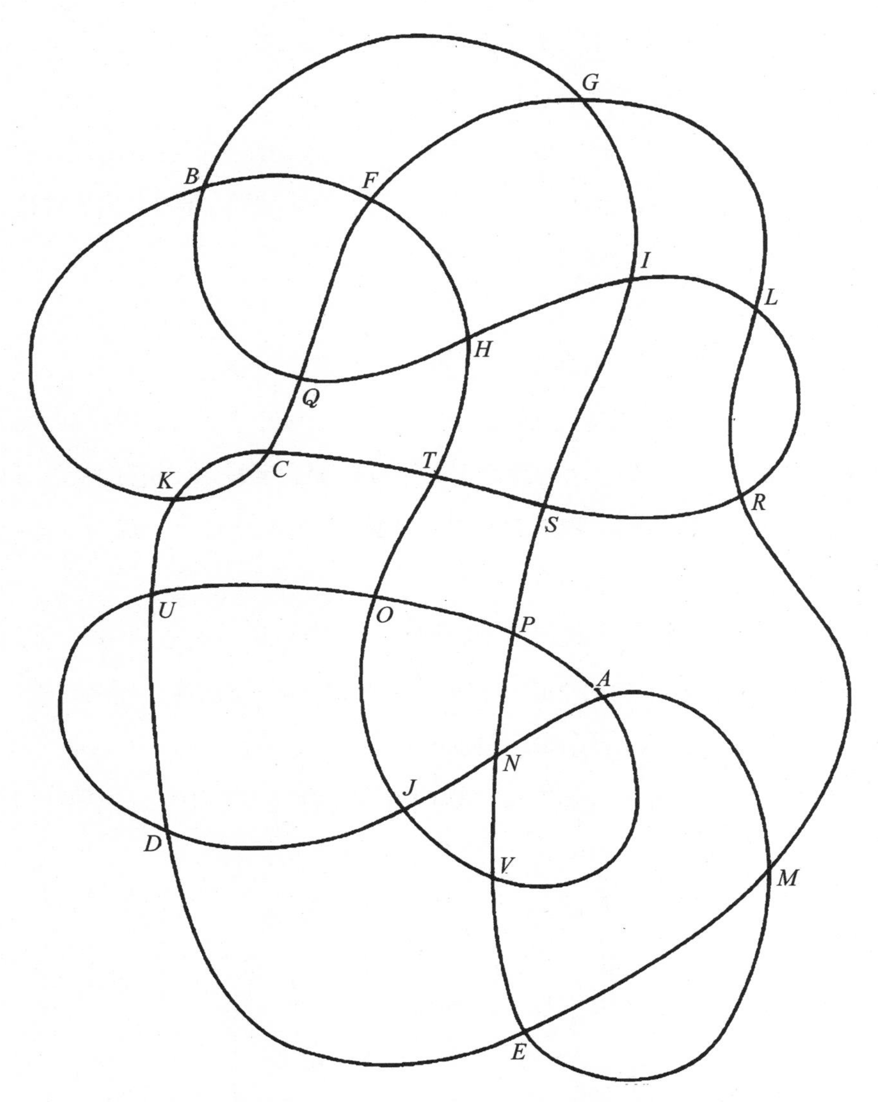


图9.2　用于异常洞察力实验的随机勾画并带有标记的闭合曲线

Toeplitz)合著的《数学的乐趣》(*The Enjoyment of Mathematics*)一书中,此游戏得到了巧妙的证明。"他把记录有字母的那张便笺翻过来,在一条水平线的上下方交替写着那些字母:

*N S G Q I R T K D M L F C F H O V P U J A E*

*P I B H L S C U E R G Q K B T J A O D N M V*

---

“若没有交换，”他解释说，“那么每个字母一定在这条线上出现一次，在线下出现一次。我要做的全部事情就是寻找一个字母，在线上出现二次，而在线下也出现二次，他们就是被交换了的那两个字母。”

“太妙了！”我说。

维克多打开一盒苏打饼干，拿出两块放在桌子上，一左一右。然后在这两块饼干上各画了一个向上的箭头（见图9.3）。他用左手的大拇指和中指夹着左边的饼干（如图所示），然后用左手食指尖向下按压A角把饼干翻过来，让饼干在大拇指和中指之间绕对角线旋转。他在这块饼干的另一面也画上向上的箭头。

然后，他以同样的方式用右手的大拇指和中指夹着右边的饼干，在饼干角*B*上用右手食指尖向下按压*B*角把饼干翻过来，这次他在这块饼干的另一面画上了向下的箭头，而不是向上的箭头。

“现在我们有关正方形对称旋转的有趣表演全准备好了，”他微笑着

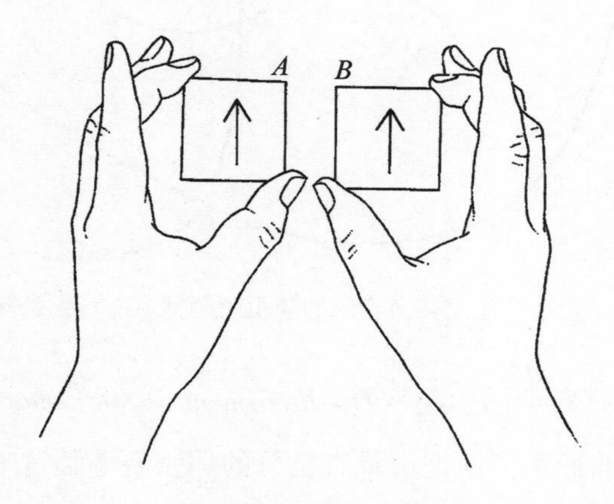


图9.3 手持苏打饼干玩调换箭头的游戏

说,“你会注意到,左侧那块饼干两面都有向上的箭头。”他用左手捡起那块饼干并旋转几次,显示两面都有一个指向上的箭头。“而右边饼干既有向上箭头又有向下的箭头。”他用右手捡起那块饼干,并旋转多次,显示指向相反的两个箭头。

维克多把两块饼干放回到桌子上,然后慢慢地在不改变饼干指向的情况下交换两块饼干的位置。“请你自己旋转它们”,他要求,“我想让你验证一个事实:有两个向上箭头的饼干现在在右边,而另一块饼干在左边”。

他把饼干递给了我,我按照他同样的方式旋转饼干,一块在我的右手上,另一块在我的左手上。是的,这两块饼干被交换了。

维克多把这两块饼干放在面前,然后打了个响指,命令饼干无形地回到原来的位置。他旋转左边的饼干,我吃惊地看到饼干两面上的箭头这时都指向上!而当他旋转另一块饼干时,我看到饼干两面上的箭头指向上下来回跳动。

“试一下,”维克多说,“你会发现这一切都是自动实现的。实际上,两块饼干完全一样,外观上的差异完全取决于哪只手拿着它们。当你让你的观众检查饼干时,确保他用左手拿你右手的那块饼干,而用他的右手拿你左手的另一块饼干。而且弄明白他放下指向上下的那块饼干时,正面上的箭头正好向上。”

我喝光了杯中的酒,酒瓶里只剩下正好盛满一高杯的酒,我感到厨房在轻轻摇晃。

“现在让我表演给你看,”我说着从盒子里取出另一块饼干,“这是一次概率测试,我会把这块饼干抛到空中,如果饼干落下后粗糙面朝上,你就把剩下的波旁威士忌酒喝了;若饼干落下后光面朝上,你也把剩下的波旁威士忌酒喝了;若饼干落下后粗糙面和光面都不朝上,”(我拿着那块饼干,让它垂直立于桌面,但不加任何评论)“那我就把剩下的酒喝了。”

维克多显得很谨慎,“好的。”他说。

我把饼干握碎在手心里,把饼干屑抛向空中。

死一般的寂静,甚至冰箱都停止了嗡嗡声。“我发现大多数的光面、粗糙面都落在你的头上,”维克多最后说,面无笑容,“我必须说,这是一个相当低级的玩弄老朋友的把戏。”

## 补 遗

吉尔布雷思原理及其在上述游戏中的应用,最初是由吉尔布雷思在文章《富有魅力的颜色》(*Magnetic Colors*)中介绍的,此文刊登在《连接环》(*The Linking Ring*)魔术期刊上(1958年7月,60页)。此后,有几十种纸牌魔术都基于这一简单原理。下列是刊登在魔术期刊上的几篇参考文章:

1. 由哈德森(Charles Hudson)和马洛(Ed Marlo)发明的魔术,《连接环》1958年1月,54—58页。

2. 由哈德森等人发明的魔术,《连接环》1959年5月,65—71页。

3. 由兰索姆(Tom Ransom)发明的魔术,《连接环》1959年3月。

4. 由兰索姆发明的魔术,《连接环》1962年9月。

5. 由史拉特(Allan Slaight)发明的魔术,《连接环》1965年12月。

该原理非正式的证明如下:

当牌切成两堆准备洗牌时,有两种可能的情况:分成的两堆牌最下面一张的颜色要么相同要么不同。假设底牌颜色是不同的,洗下第一张牌后,两部分底牌的颜色就相同,与落下的那张牌颜色相反。因此,下一张牌无论是滑过左拇指还是滑过右拇指,都没有区别。无论哪种情况,相反颜色的那张牌必须落在前一张牌的上面。这时在桌子上有两张颜色不同的牌,手中两堆纸牌的底牌颜色不同,这种情况和之前的完全一样。不管落下哪一张牌,手中剩下底牌的颜色都相反。以此类推，重复这个过程，直到所有的纸牌都洗完。

现在假设，最初切成的两堆牌的两张底牌颜色是相同的，洗牌时一旦第一张牌先落下，上述的解释现在适用于后面所有牌对。当然，最后一张牌必须是与洗下的第一张牌的颜色相反。当切牌是把这副牌从相同颜色的两张牌之间切开时（即顺序对之间），纸牌的最上面一张与底部的牌被洗到一起，洗完牌后所有牌对保持原状。

纸牌和酒杯游戏还有许多不同的表演手法，纽约州罗切斯特市的爱德华兹（Ron Edwards）写到，他曾随机挑选了9张牌，摆成一个正方形，然后让一位观众将一个小型的头盖骨放在其中一张牌上。头盖骨顶上有一个洞，爱德华兹把卷好的一张纸放进洞里，纸上写了他预测的中心纸牌的名称。最后他从口袋里取出正确的指令卡（两张卡放在不同的口袋里），指令指明每个步骤要拿掉的那张纸牌的位置（而不是名称）。

这个游戏出现在《科学美国人》杂志上后，纽约州罗切斯特市的哈尔·牛顿（Hal Newton）发明了这种游戏的一个新玩法，称作“来自另一个世界的声音”。游戏时，一张录音唱片播放录音发出指示，指导观众在9张牌上来回移动物体（牌上有各大行星的名字）。当然录音可以两面放。该游戏在1962年由布法罗市的一家魔术店出售。

## 答　案

“扑克洗牌”(The card-shuffled)这句可解释为:“鱼的嗅觉器官已经进化出多种多样的形式。”这是文章“归家的鲑鱼”73页最后一段的第一句话,由哈斯勒(Arthur D. Hasler)和拉尔森(James A. Larsen)发表在《科学美国人》1955年8月号上。

# 附　记

## 第1章

## 二　进　制

斯温福德(Paul Swinford)是美国俄亥俄州辛辛那提市的一名半职业魔术师,他发明了一种称作为“Cyberdeck”的扑克牌卡片,卡片顶部和底部开有孔和槽。使用这种扑克牌卡片可以玩各种令人眼花缭乱的游戏,具体玩法在他写的手册*The Cyberdeck*(1986)中都有说明。魔术品商店里可以买到这种扑克牌卡片及使用手册。

## 第2章

## 群论与辫子

《科学美国人》杂志开通了这一专栏之后,我从一位英国读者塔克(Rosaline Tucker)那里了解到,这个划线游戏出现在19世纪中期的日本,这个游戏如今在日本已变成了一种传统的抽签方式。因为这些网格和环绕在如来佛头顶上的光环类似,所以它被称为“阿弥陀佛”。如来佛是佛教中净土派最重要的佛。

## 第4章
## 刘易斯·卡罗尔的游戏和谜题

斯坦福大学的计算机科学家克努特(Donalde E. Knuth,汉名高德纳)设计了一个字梯程序,所有常见的由5个字母(专有名词除外)组成的英语单词连接在一起,形成一张庞大的非定向字梯图,每个单词和与其字母链仅差一个字母的单词连接。将任意由5个字母组成的两个词输入该程序,若存在连接两个词的字梯,程序瞬间就会显示出最短的字梯。这个程序找出了比本书给出的字梯更短的字梯:rouge, route, routs, roots, soots, shots, shoes, shoer, sheer, cheer, cheek。

克努特的字梯图有5 757个词,用14 135条线连接,大多数"字对"可以通过该字梯表连接。有些词被克努特称为"孤词",因为它们没有邻居。有671个词是没有邻居的词,如 earth、ocean、below、sugar、laugh、first、third、ninth。bares和cores这两个词与其他25个连接,再没有更高连接数的词。有103个"字对"除了彼此之外没有邻居,如odium/opium和monad/gonad。1992年克努特将圣诞卡中的sword 变成 peace,仅使用《圣经》标准修订版中的词。

克努特在《斯坦福图形库》(*Stanford Graph Base*,威利出版社,1993)的第一章中介绍了他的字梯程序。在即将出版的有关组合学的3卷本著作中,他将更全面介绍他的程序。该著作是他经典的《计算机程序设计艺术》(*Art of Computer Programming*)系列之一。有关如何不用计算机来解决"字对"问题的提示,请见《游戏》(*Games*)杂志(1978年7–8月刊)中他的文章"WORD、WARD、WARE、DARE、DAME、GAME"。

数学家、科幻小说作家鲁迪·洛克(Rudy Rucker),把"字对"当作一个正式的系统。第一个词给定为"axiom"(格言),变化步骤服从转换规则,最后的词是“theorem”(定理),人们想方设法用最短的变换“证明”这个定理。

《造字法》(*Word Ways*)杂志是为语言娱乐而办的季刊,刊登了许多有关“字对”方面的文章。在1979年2月出版的一期上,有篇文章探讨颠倒词语的链,譬如tram 变成mart、flog变成golf、loops 变成 spool,等等。作者想知道能否找到一个由6个字母组成的单词的例子。

我想知道:是否存在封闭的链,能将spring 变成summer,autumn变成winter,然后又变回到spring?若有,最短的答案是什么?

在《科学美国人》(1987年8月)的“计算机娱乐”专栏中,德德尼(A. K. Dewdney)号召建立由$n$个字母组成单词的“词网”。他的文章显示,所有由2个字母组成的单词很容易经由这种网连起来,并询问是否有人能为3个字母的单词构建一个完整的网络。

## 第6章
## 棋盘游戏

1976年,美国加百利玩具公司推出一种叫做奥赛罗棋(Othello)的游戏,竟然成为当年最畅销的棋类游戏。令我吃惊的是,除了下棋规则有点小变化之外,奥赛罗棋其实就是翻转棋(Reversi)。翻转棋开局时允许双方在棋盘中心置4个棋子,而奥赛罗棋不允许图6.3中所示的布局,只允许对角线两端摆放相同颜色的棋子。

《时代》杂志曾报导(1976年11月22日,第97页),奥赛罗棋是由日本烟草公司一名销售员吾郎长谷川(Goro Hasegawa)于1971年发明的,至1975年在日本已售出400万套。加百利购买了游戏的产权,没有意识到他们购买的是公共领域中已存在多年的一款老产品(我的关于翻转棋的专栏介绍在1960年出版)。加百利的3个雷同广告刊登在1976年10月31日的纽约《时代》杂志上,称奥赛罗棋为一种"新的棋盘游戏"。当然只有名字是新的。《时代》杂志认为奥赛罗棋之所以被选中,是因为它频繁的翻转就像莎士比亚的《奥赛罗》的剧情骤然变化一样。

《时代》杂志于1976年12月27日发表两封读者来信,指出奥赛罗棋和翻转棋的同一性。伊丽莎白·卡特夫人把日本声称发明奥赛罗棋比作苏联声称发明电灯泡一样,还说20年代初她就与婶婶在纸板上下这种棋,后来还在玻璃奶瓶上下过。

1977年10月25日,《时代》和《世界新闻》(*World News*)的记者肯尼迪(Joe Kennedy)就这一话题采访了我,文章的标题是"摘掉面具的奥赛罗棋其实是古老英国游戏的新名称"。我告诉乔·肯尼迪,我与加百利的负责人通过话,他并不介意奥赛罗棋是个旧游戏,因为他为这个游戏的版权付了钱,而且还为此产品在日本的市场预测提供了经费。

国际奥赛罗棋锦标赛一直没有中断过,各家设计的有关计算机软件能打败除了顶级大师之外的所有赛手。富达电子公司推出了名为"翻转棋挑战者"的游戏机,价格是156美元(其广告刊登在1983年11月的《游戏》杂志上)。

兰登出版社的编辑兼作家贝内特·瑟夫(Bennett Cerf)的儿子乔纳森·瑟夫(Jonathan Cerf)受《游戏》杂志之约,撰写了一篇有关奥赛罗棋的文章。为了做研究,他曾参加过早期的奥赛罗棋比赛,由于特别好奇竟然开始精心研究这种游戏,后来他成为美国奥赛罗棋比赛冠军。1980年,他作为第一而且是唯一的非日本人参赛者赢得了奥赛罗棋世界锦标赛。时至今日,只有乔纳森·瑟夫和两个法国人作为外国人赢得过冠军,其他冠军都是日本人。乔纳森·瑟夫现已不再参加比赛了。

1979年乔纳森创建了《奥赛罗棋季刊》(*Othello Quarterly*)并担任责任

编辑，在众多美国和一些欧洲国家出版的奥赛罗棋刊物中，此刊是第一份也是最优秀的刊物。自从1986年以来，《奥赛罗棋季刊》由休利特(Clarence Hewlett)任主编，由美国奥赛罗棋棋手协会出版发行(地址：920 Northgate Avenue，Waynesboro Virginia 22980)。

《拜特》(*Byte*)杂志于1980年7月报道了首次在西北大学举办的人机奥赛罗棋比赛，获胜者是日本的井上浩(Hiroshi Inoue)，后来他成为世界冠军。第二名是由丹(Dan)和斯普拉卡林(Kathe Spraclen)编写的程序软件，这两人因编写的国际象棋程序Sargon而闻名。

现在几乎每个先进的国家都销售奥赛罗棋棋盘及棋子，世界锦标赛每年也在不同国家举行。1993年我撰写相关书籍时，世界冠军是法国的塔斯特(Marc Tastet)。美国的冠军是基鲁尔夫(Anders Kierulf)，他是挪威人，现居住在加利福尼亚。1993年世界锦标赛于11月在英国举办。

1987年我收到丹麦的米凯尔森(Peter Michaelsen)寄来的一封书信，很吸引人(因没写地址我无法回信)。他告诉我翻转棋在丹麦有10多个名称，譬如Tourne、Klak 及 Omslay。在两位英国人争论各自是翻转棋的发明者之前，中国人可能就开始玩这种棋了，中式翻转棋叫“Fan Mien”，意思是翻转。

我曾经提供过两个可能是最短的翻转棋游戏，都是从奥赛罗棋规则禁止的开始方式开局。米凯尔森报导说，英国的戴维·黑格(David Haigh)证明另外还有两种以此开局的同样长度的游戏。如果采用奥赛罗棋规定的开局方式，有57种方法保证第一个棋手走第七步时就能赢棋，这由日本人丸尾(Manubu Maruo)于1975年发现并经计算机证实。

## 第7章

## 堆 积 球

尽管关于三维以上空间内球的紧密堆积方法的研究已取得了很大的进步，但目前还没有公认的证据证明堆积密度0.74（π除以18的平方根）是最好的，虽然几乎所有几何学家都假设它是最好的。马萨诸塞州贝德福德市迈特公司的穆德（Douglas Muder）证明，三维空间堆积球的堆积密度不能超过0.778 36。

众所周知，在四维空间，大小相同的球的“接触数”是24或25个，如果最近的证明成立，那就是24个球。1991年，加州大学伯克利分校的项武义（Wu-Yi Hsiang）写了200页纸证明球的紧密堆积密度为0.74。其他数学家发现证明过程充满了漏洞。项武义修改后将其浓缩至98页。据《科学》杂志（*Science*，第159卷，1993年2月12日）报导，数学家们对修改后的证明是否有效仍存在分歧。

1972年，乌拉姆（Stanislaw Ulam）告诉我，他怀疑球类是同样的凸多面体中紧密堆积度最差的，但这很难证明。

## 第8章

## 超越数π

如果圆内有条线
穿过圆心并到达圆周两边，
线的长度是$d$，

圆的周长为

$d$ 的3.141 59倍。

——佚名

1989年，东京大学的金田康正(Yasumasa Kanada)突破10亿位大关，将圆周率π计算到小数点后1 073 740 000位。这个纪录保持到1991年。哥伦比亚大学的两位来自俄罗斯的计算机科学家戴维和格雷戈里(David and Gregory Chudnovsky)兄弟将圆周率计算到小数点后2 260 821 336位。

这两位兄弟使用了以拉马努金(Ramanujan)发现为基础的快速算法，即e的π次幂乘163的平方根的结果非常接近整数。[见我的《时间穿梭和其他数学谜题》(*Time Travel and Other Mathematical Bewilderments*)第10章]取其整数，每次通过这个过程都可以增加14位数字而不必整个从头开始计算。因此，任何拥有台式电脑的个人只要时间允许，都能很容易地将数字串扩展出另外14位数字。

金田康正说他之所以计算圆周率π，是因为"它就在那里"。戴维兄弟说他们只是希望"看到更长尾巴的龙而已"。

俄罗斯两兄弟有趣的肖像出现在《纽约客》(*The New Yorker*，1992年3月2日)杂志上，由普雷斯顿(Richard Preston)撰写的相关文章标题为《π山》(*The Mountains of Pi*)。两兄弟使用邮购的部件在公寓里组装了一台超级计算机，利用它计算π的小数位。到目前为止，还没有新的π小数位出现，戴维说"我们需要一万亿小数位"。

关于π的有趣及巧合的故事的集子，请见本人的著作《为什么和所以然》(*Whys and Wherefores*)中的"把π切成数百万"。

卡罗尔计划写一本书，书名为《圆求方的简单事实》(*Plain Facts for Circle Squarers*)，但却从未着手去做这件事。在他的著作《新平行理论》

(*New Theory of Parallels*)引言中,读者可以欣赏他的评论,曾经被“角三等分”和“圆求方”奇想烦恼纠缠的所有数学家都能理解此评论的用意:

这两位误入歧途的梦想家中的第一人对我说,他有一个伟大的志向,要做一件我从来没有听说过的由人类实现的壮举,即让“圆求方”者明白自己的错误!我的一位朋友为圆周率π选择的值是3.2。这一严重错误使我产生一个想法:它是一个很容易证明的错误。在与有关人交流了几十封信件之后,我伤心地发现,我没有这个机会了。

## 第9章

## 艾根:数学魔术师

加拿大阿尔伯塔大学的安迪·刘(Andy Liu)寄来了关于闭合、自相交曲线定理的一个简洁的完整证明。该证明首先把曲线当作一个地图并用两种颜色进行着色。拉德马赫和特普利茨的证明由沃特豪斯(W. C. Waterhouse)进行了概括总结,发表在《美国数学月刊》上(1961年2月,第179页)。内容如下:

我们想说明,在通过一个给定二重点的连续线段上有偶数个二重点。被追踪曲线(本身是一个闭合曲线)这一部分称为$B$,曲线的其余部分称为$C$(也是闭合曲线)。所有$B$的二重点当然是被经过两次,我们唯一需要考虑的是$B$和$C$的交点,但$C$可由一条规则曲线来代替,而且不改变其与$B$的交点。乔丹曲线定理证明$B$与$C$的交点数为偶数。

正如该杂志编辑所评论的,该定理在纽结理论中起着重要作用。

自从我第一次说明我的9张纸牌奇偶游戏技巧后,有许多其他版本出现在魔术期刊上,或在魔术商店与设备一起出售。1990年,大卫·科波菲尔(David Copperfield)在他的电视节目中演示了一个巧妙的版本,有关的技巧讲解可以在科尔帕斯(Sidney Kolpas)有关大卫·科波菲尔的东方快车把戏的文章中找到,发表在《数学教师》(*The Mathematics Teacher*,1991年10月,第568—570页)上。在《马丁·加德纳的礼物》(*Martin Gardner Presents*,1993年,第149—153页)一书中,我给出了其他版本的简洁说明。这本书在魔术商店有售。

**责任编辑**　侯慧菊
**封面设计**　戚亮轩

马丁·加德纳数学游戏全集
**剪纸与棋盘游戏**
【美】马丁·加德纳　著
黄峻峰　刘　萍　译

---

上海科技教育出版社有限公司出版发行
（上海柳州路218号　邮政编码200235）
www.sste.com　www.ewen.co
各地新华书店经销　常熟华顺印刷有限公司印刷
ISBN 978-7-5428-7235-7/O·1102
图字09-2013-854号

---

开本720×1000　1/16　印张9
2020年7月第1版　2020年7月第1次印刷
定价：31.00元